westermann

Rechnen bis 20

Erarbeitet von

Judith Beerbaum, Anja Göttlicher,
Sarah Pfleger, Britta Wettels
und Stephanie Zippel

in Zusammenarbeit mit der
Westermann-Grundschulredaktion

Unter Beratung von

Henrieke Peter, Debbie Stier,
Jutta Telschow und Britta Wagenhuber

Illustriert von

Angelika Citak, Heike Heimrich
und Karoline Kehr

Flex und Flo

Mathematik

1

Zeichenerklärung

- Male/Zeichne mit der entsprechenden Farbe.
- Streiche durch, was nicht passt.
- Ordne zu.
- Kreise ein.
- Kreuze an.
- Benutze Material.
- Bearbeite die Aufgabe in Partnerarbeit.

Addieren
heißt plus rechnen.

Hier steht ein neues Fachwort.

Grundaufgabe
2 + 2 = 4, also
32 + 2 = 34

Hier steht ein neues Fachwort oder ein neues Beispiel, wie du über Mathematik sprechen kannst.

R9 — Verweis auf passenden Diagnosetest im Flex und Flo Diagnoseheft 1 (Ausgabe 2021)

5 A-D — Verweis auf passende herausfordernde Aufgaben in der Flex und Flo Entdeckerkartei 1 (Ausgabe 2021)

S. 34 — Verweis auf passende Übungen auf den angegebenen Seiten im Flex und Flo Trainingsheft Interaktiv 1 (Ausgabe 2021)

1 — **Aufgabe aus dem Anforderungsbereich I**
Reproduzieren: erfordert Grundwissen und das Ausführen von Routinetätigkeiten

1 — **Aufgabe aus dem Anforderungsbereich II**
Zusammenhänge herstellen: erfordert das Erkennen und Nutzen von Zusammenhängen

1 — **Aufgabe aus dem Anforderungsbereich III**
Verallgemeinern und Reflektieren: erfordert komplexe Tätigkeiten wie Strukturieren, Entwickeln von Strategien, Beurteilen und Verallgemeinern

Einführung von Fachwörtern oder Redemitteln
Eine Sammlung der im Heft eingeführten Fachwörter und Redemittel zum Nachschlagen findet sich auf der letzten Doppelseite und der Beilage „Fachwörter und Redemittel 1".

Medienbildung und Mathematiklernen verbinden
Anregung zur Bearbeitung mathematischer Lerninhalte mit digitalen Werkzeugen

Tipp zur Verknüpfung der Themenhefte

Inhaltsverzeichnis

Datum: ______________

1

Z	E

_____

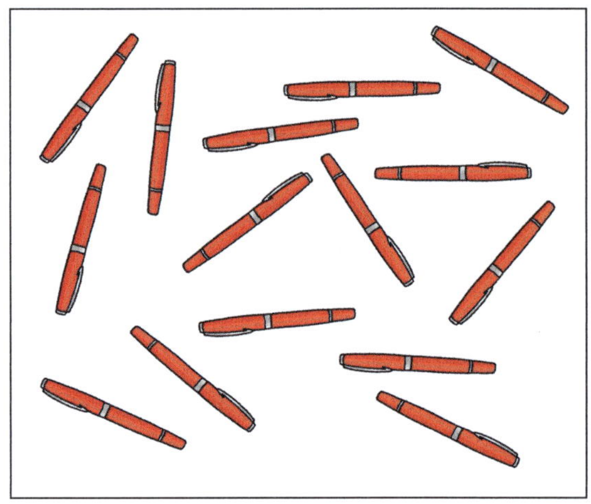

Z	E

_____

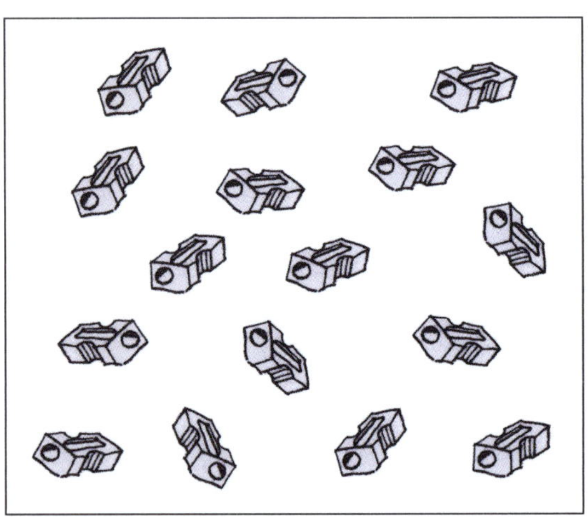

Z	E

_____

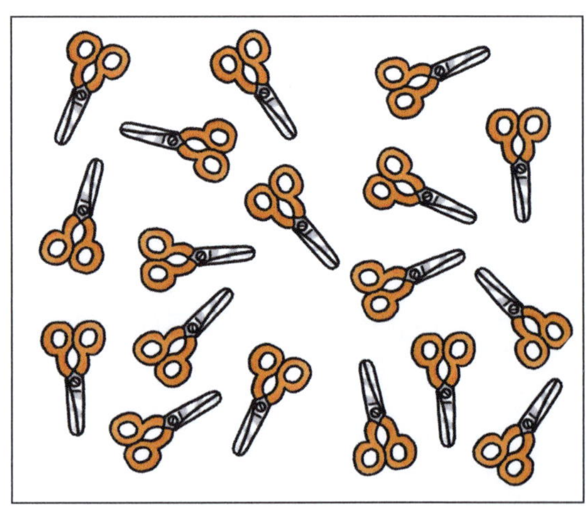

Z	E

_____

1 Immer erst 10 einkreisen.

Datum: ____________

1

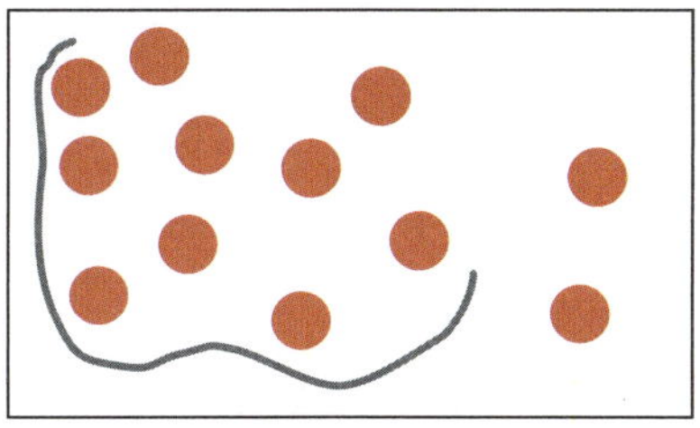

Z	E
1	2

12

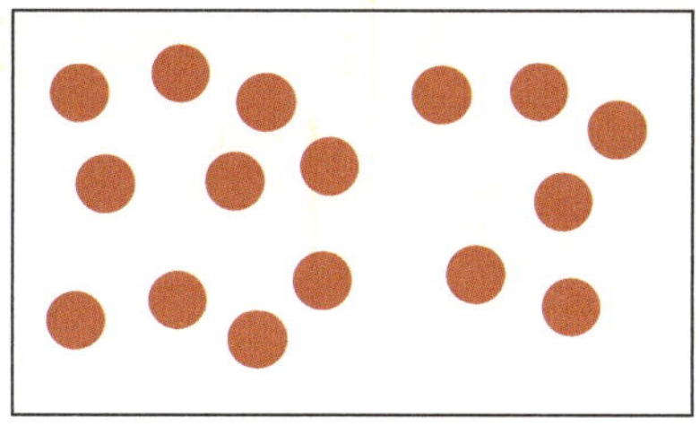

Z	E

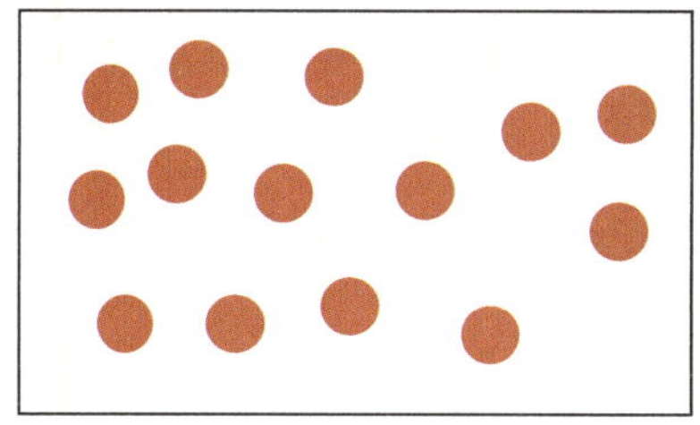

Z	E

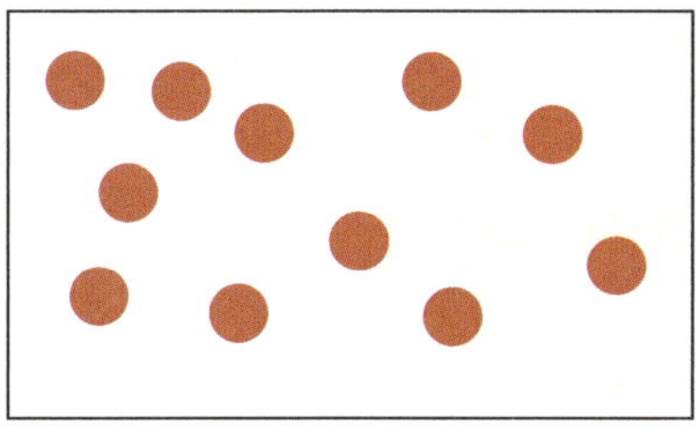

Z	E

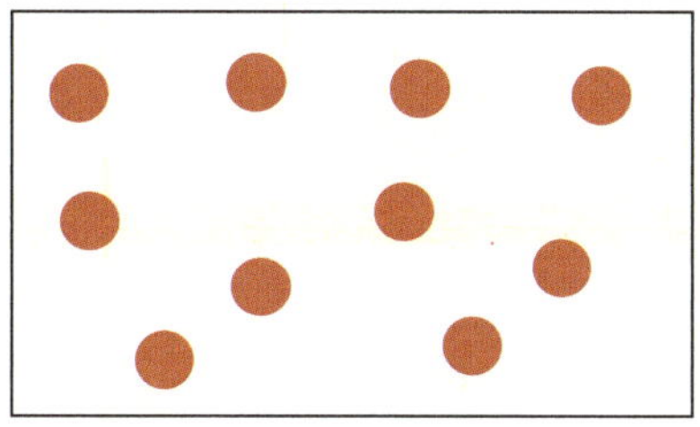

Z	E

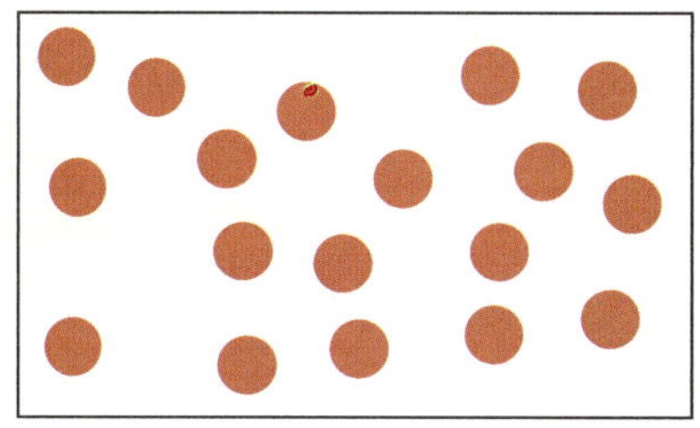

Z	E

2

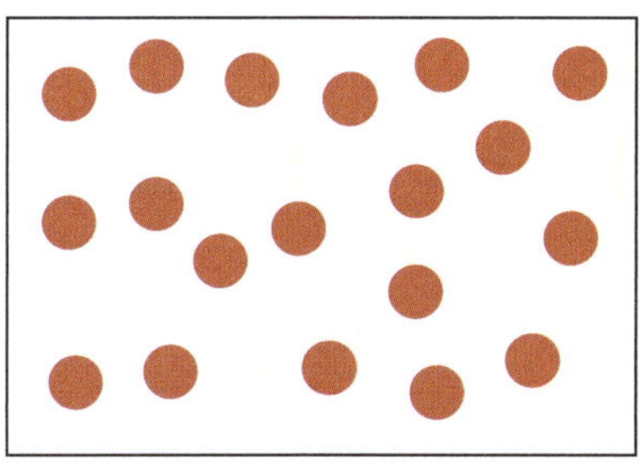

Z	E

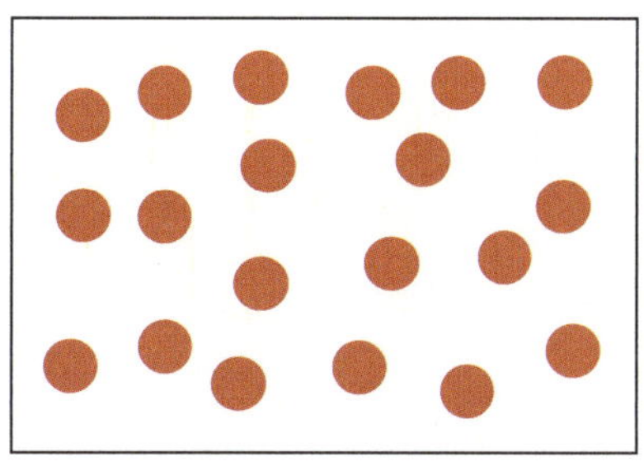

Z	E

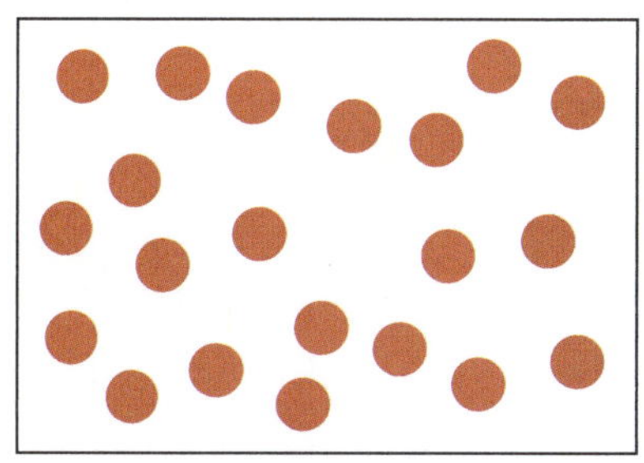

Z	E

3

Z	E

Z	E

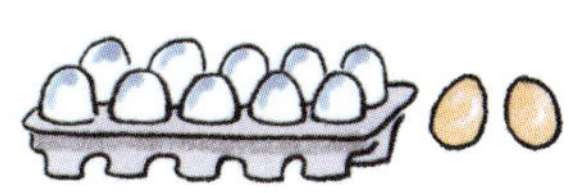

Z	E

Z	E

Z	E

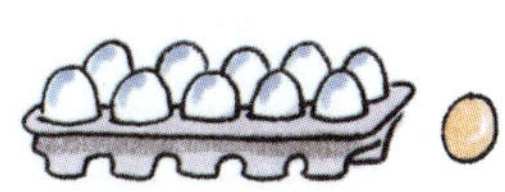

Z	E

1, 2 Immer erst 10 einkreisen.
3 **Fotografie:** Fotos von gebündelten Mengen aufnehmen, präsentieren (ggf. speichern und ausdrucken oder für eine digitale Pinnwand nutzen) und Anzahlen bestimmen.

S. 34

Datum: ____________

1

●●●●●|●●●●●
●●●●○|○○○○○

Z	E
1	4

14

●●●●●|●●●●●
●●●●●|●●○○○

Z	E

____

●●●●●|●●●●●
●●●●●|●●●●●

Z	E

____

●●●●●|●●●●●
●○○○○|○○○○○

Z	E

____

●●●●●|●●●●●
●●●●●|●●●●○

Z	E

____

●●●●●|●●●●●
●●●●●|○○○○○

Z	E

____

●●●●●|●●●●●
●●○○○|○○○○○

Z	E

____

2

●●●●●|●●●●●
●●●●●|●●●●●
●●●●○|○○○○○

Z	E

____

●●●●●|●●●●●
●●●●●|●●●●●
●○○○○|○○○○○

Z	E

____

●●●●●|●●●●●
●●●●●|●●●●●
●●●○○|○○○○○

Z	E

____

●●●●●|●●●●●
●●●●●|●●●●●
●●○○○|○○○○○

Z	E

____

1, 2 Zahlen an den Rechenstreifen ablesen.

Datum: ____________

1

Z	E
1	5

15

Z	E
1	1

____

Z	E
1	6

____

Z	E
1	8

____

2

Z	E

____

Z	E

____

3

Z	E

____

Z	E

____

4

Z	E
1	3

10 + ______

Z	E
1	7

______

Z	E
1	9

______

5

10 + 0 = ____ 10 + 1 = ____ 10 + 5 = ____ 10 + 9 = ____

10 + 4 = ____ 10 + 7 = ____ 10 + 6 = ____ 10 + 10 = ____

10 + 3 = ____ 10 + 2 = ____ 10 + 8 = ____ 10 + 11 = ____

Rechenstreifen und Wendeplättchen nutzen.
2 Selbst Plättchen malen. Das Partnerkind schreibt die Zahl.
3 Selbst Plättchen malen und passende Zahl schreiben.

S. 35

Datum: ____________

1

14				

Zahlenreihe bis 20 und darüber

Datum: ____________

1

2

3

4

2 Zahlen eintragen.
3 Fahnen gelb und grün färben, Zahlen eintragen.
4 Fahnen färben, fehlende Fahnen beschriften.

Vorgänger und Nachfolger

Datum: ____________

1

2

3

Vorgänger	Zahl	Nachfolger

Vorgänger	Zahl	Nachfolger

4

V	Z	N
1	2	
	8	
	5	

V	Z	N
	7	
	4	
	3	

V	Z	N
	9	
	6	
	1	

Videoaufnahme: Erklärfilm zu Vorgänger, Zahl und Nachfolger aufnehmen.

Vorgänger und Nachfolger

Datum: ____________

1

V	Z	N
9	10	
	18	
	7	
	16	

V	Z	N
	15	
	8	
	13	
	4	

V	Z	N
	17	
	6	
	9	
	20	

2

V	Z	N
11	12	
4		
	8	

V	Z	N
12		
		15
		21

V	Z	N
		10
		20
	2	

3

V	Z	N
1	2	3
11		
21		

V	Z	N
2		
12		
22		

V	Z	N
4		
14		
24		

4

V	Z	N

V	Z	N

5

	15	8	
19 Ziel	12		4 Start

	8		
	7 Start	16	
13			22 Ziel

4 Eigene Tabellen schreiben.
5 Vom Start zum Ziel.

S. 36

Zählen in Schritten

Datum: ____________

1

0, 2, 4, ______________________

1, 3, 5, ______________________

2

0, 3, 6, ______________________

2, 5, ______________________

3

20, 18, ______________________

17, 15, ______________________

4

21, 18, ______________________

19, 16, ______________________

20, 17, ______________________

5 Wie hüpfst du?

____

____

1–4 In verschiedenen Schritten zählen, individuell weit.
5 Eigene „Zahlenfolge“ schreiben.

Zahlenreihe bis 20 und darüber

Datum: ____________

1

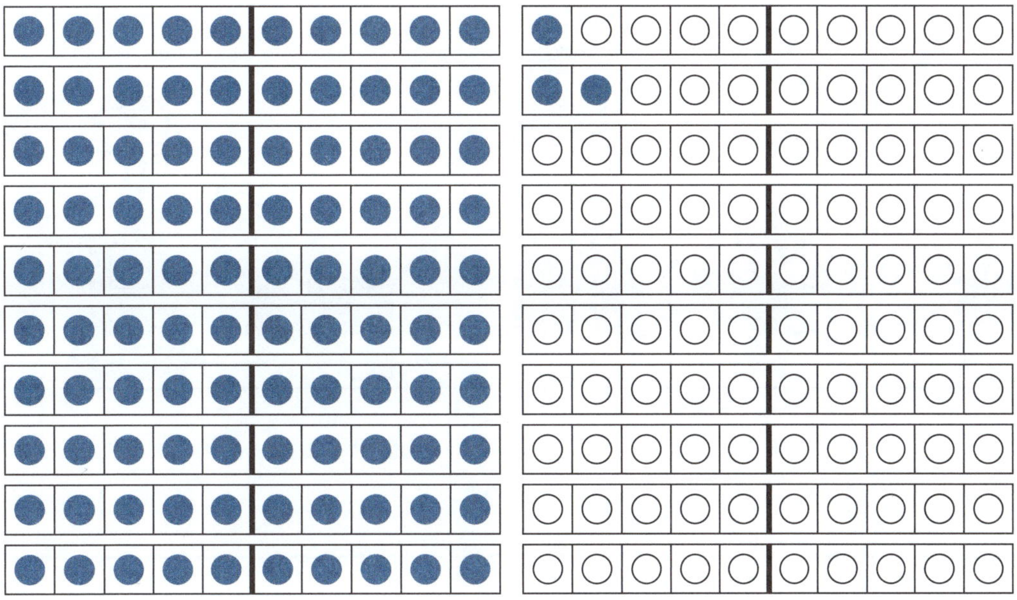

11	10 + 1
12	____
13	____
14	____
15	____
16	____
17	____
18	____
19	____
20	____

2

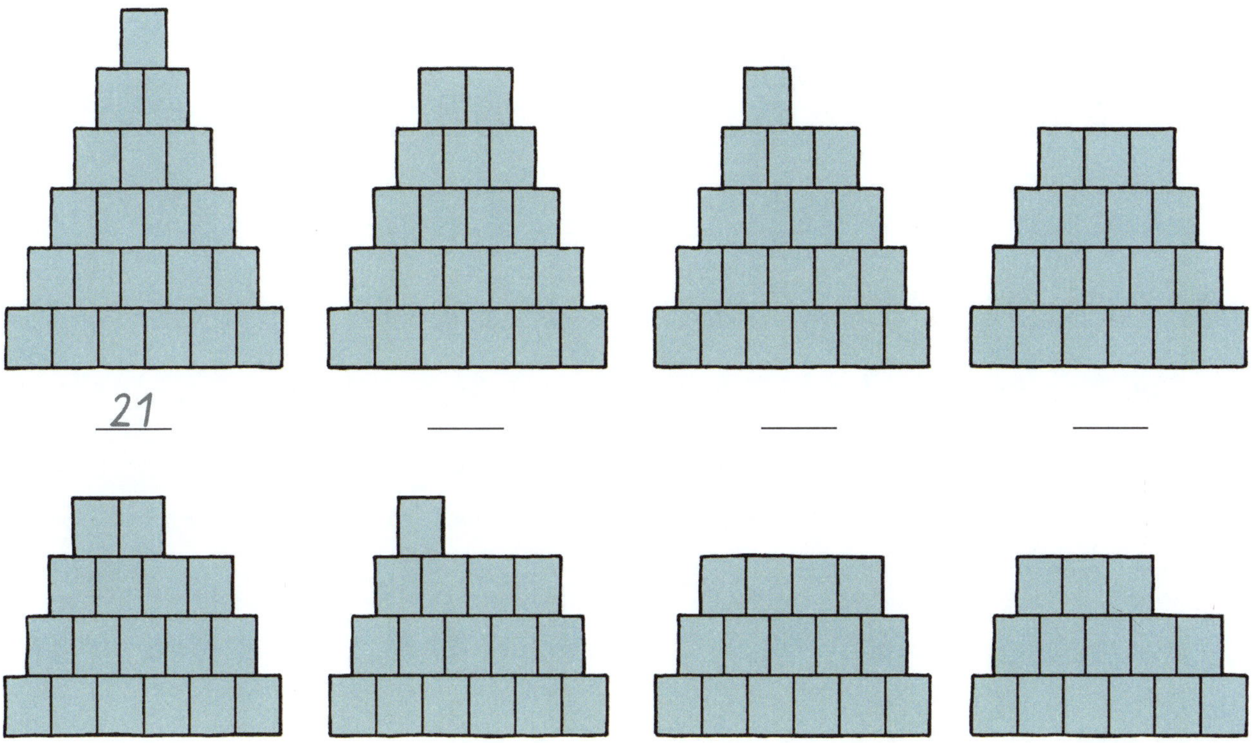

21 ____ ____ ____

____ ____ ____ ____

3

1 Plättchen passend dazumalen.
3 Fahnen in der richtigen Reihenfolge aufhängen.

Kleiner, größer oder gleich?

1 <, > oder = ?

___ ◯ ___   ___ ◯ ___

2 <, > oder = ?

17 ◯ 16	17 ◯ 7	12 ◯ 14	11 ◯ 10	14 ◯ 3
14 ◯ 18	18 ◯ 8	20 ◯ 20	17 ◯ 9	19 ◯ 20
4 ◯ 8	11 ◯ 14	13 ◯ 10	7 ◯ 19	9 ◯ 10

3

2 ◯ 4	6 ◯ 4	7 ◯ 9	1 ◯ 0	3 ◯ 2
12 ◯ 14	16 ◯ 14	17 ◯ 19	11 ◯ 10	13 ◯ 12

4

7 < 8	___	___	___	___
17 ___	___	___	___	___

5 Aufgepasst! Sechs Aufgaben sind falsch.

2 > 1 ___	18 > 19 ___	12 > 0 ___	0 < 3 ___
3 < ~~2~~ 4	13 > 12 ___	19 < 20 ___	7 > 6 ___
1 < 0 ___	14 > 15 ___	10 < 1 ___	17 < 7 ___

4 Analogien erkennen. Eigene Aufgaben schreiben.
5 Falsche Zahl durchstreichen, eine passende Zahl aufschreiben.

Kleiner, größer oder gleich?

Datum: ____________

1 Welche Zahlen gewinnen? Male sie gelb an.

Gewinn: ◯ < 10	Gewinn: ◯ > 12	Gewinn: ◯ < 15

2 Welche Zahlen passen?

____ < 13   12 < ____   ____ < 11   16 > ____   21 > ____

____ < 13   12 < ____   ____ < 11   16 > ____   21 > ____

____ < 13   12 < ____   ____ < 11   16 > ____   21 > ____

3

11 9 20 15 ~~13~~ 19	6 21 11 12 16 8	3 15 11 0 13 17

13 < ____   ____ > ____   ____ < ____

____ < ____   ____ > ____   ____ < ____

____ < ____   ____ > ____   ____ < ____

4

____ < ____

____ < ____

____ < ____

____ > ____

____ > ____

____ > ____

5 Was stimmt? Kreuze an.

3 + 4 < 8 ☐   10 – 6 < 5 ☐   7 + 1 > 9 ☐   9 – 0 > 9 ☐

6 + 3 > 10 ☐   9 – 3 > 4 ☐   2 + 6 < 9 ☐   10 – 3 > 6 ☐

S. 37

4 Selbst sechs Zahlen schreiben. Das Partnerkind vergleicht die Zahlen.

Datum: ______

1

4 + 3 = ___ 5 + 2 = ___ 8 + 1 = ___ 2 + 4 = ___

14 + 3 = ___ 15 + 2 = ___ 18 + 1 = ___ 12 + 4 = ___

2

7 + 3 = ___ 1 + 9 = ___ 14 + 6 = ___ 4 + 4 = ___

17 + 3 = ___ 14 + 4 = ___ 4 + 6 = ___ 11 + 9 = ___

3

2 + 2 = ___ 3 + ______ ______ ______

12 + 2 = ___ 13 + 6 = ___ 11 + 6 = ___ 14 + 5 = ___

4

6 + ______ ______ ______ ______

16 + 3 = ___ 11 + 7 = ___ 12 + 5 = ___ 15 + 1 = ___

5

___ + ___ = ___ ___ + ___ = ___ ___ + ___ = ___

___ + ___ = ___ ___ + ___ = ___ ___ + ___ = ___

6

+	3	4	5
13			
15			

+	2	4	6
12			
14			

+	8	7	5
10			
11			

7

2 + 4 = ___ 7 + 1 = ___ 6 + 2 = ___ 4 + 3 = ___

12 + 4 = ___ 17 + 1 = ___ 16 + 2 = ___ 14 + 3 = ___

22 + 4 = ___ 27 + 1 = ___ 26 + 2 = ___ 24 + 3 = ___

S. 38

1 Ggf. Rechenstreifen und Wendeplättchen nutzen.
2 Zusammenhängende Aufgaben gleich färben.
5 Eigene zusammenhängende Aufgaben schreiben.

Datum: ____________

1

14 + 2 = ___	13 + 2 = ___	12 + 6 = ___	17 + 3 = ___
14 + 3 = ___	14 + 2 = ___	12 + 5 = ___	16 + 3 = ___
14 + 4 = ___	15 + 2 = ___	12 + ___	___
___	___	___	___
___	___	___	___

2 Was stellst du fest?

15 + 5 = ___	11 + 5 = ___	11 + 8 = ___	10 + 9 = ___
14 + 6 = ___	12 + 4 = ___	13 + 6 = ___	12 + 7 = ___
13 + 7 = ___	13 + 3 = ___	15 + 4 = ___	14 + 5 = ___
12 + 8 = ___	14 + 2 = ___	___	___
11 + 9 = ___	___	___	___

Das Ergebnis ist immer: ☐ 1 größer ☐ 1 kleiner ☐ gleich

3

13 + 5 = ___	15 + 2 = ___
15 + 3 = ___	12 + 5 = ___

16 + 1 = ___	12 + 6 = ___	17 + 2 = ___	15 + 4 = ___
11 + 6 = ___	16 + 2 = ___	12 + 7 = ___	14 + 5 = ___

4

16 + 4 = ___	11 + 5 = ___	14 + 2 = ___	12 + 1 = ___
14 + 6 = ___	___	___	___

5

___	___	___	___
___	___	___	___

1 Aufgabenfolge fortsetzen.
5 Eigene Aufgaben wie in Aufgabe 4 schreiben.
Videoaufnahme: Entdeckungen zu einem Aufgabenmuster beschreiben.

5 A-D

Datum: ____________

1

3 + 14 = ____
14 + 3 = ____

2 + 17 = ____
____

4 + 16 = ____
____

5 + 12 = ____
____

3 + 16 = ____
____

2

13 + 3 = ____ | 5 + 14 = ____ | 14 + 1 = ____ | 14 + 5 = ____
18 + 2 = ____ | 1 + 14 = ____ | 4 + 14 = ____
14 + 4 = ____ | 3 + 13 = ____ | 2 + 18 = ____

3

6 + 13 = 19	15 + 3 = 18	15 + 1 = ____	7 + 12 = ____
13 + 6 = 19	/	____	____
8 + 12 = ____	12 + 4 = ____	13 + 4 = ____	2 + 15 = ____
____	____	____	____

4

18 19 20

5

3 + 5 = ____
3 + 15 = ____
3 + 25 = ____

2 + 7 = ____
2 + 17 = ____
2 + 27 = ____

____
____
____

____
____
____

2 Aufgabe und Tauschaufgabe gleich färben.
3 Entscheiden, ob die Tauschaufgabe beim Lösen hilft. **Audioaufnahme:** Bei welchen Aufgaben bietet sich die Tauschaufgabe an?
5 Eigene Aufgabenfolgen schreiben.

Datum: ____________

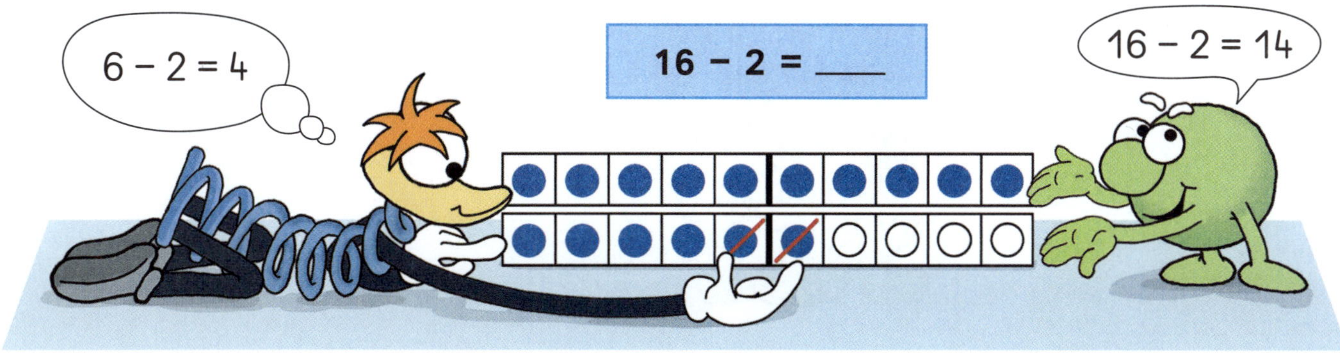

1

7 − 5 = ___ 3 − 2 = ___ 8 − 4 = ___ 6 − 1 = ___

17 − 5 = ___ 13 − 2 = ___ 18 − 4 = ___ 16 − 1 = ___

2

5 − 2 = ___

19 − 7 = ___

18 − 5 = ___

17 − 1 = ___

7 − 1 = ___

8 − 5 = ___

15 − 2 = ___

9 − 7 = ___

3

9 − 8 = ___ 6− ___________ ___________ ___________

19 − 8 = ___ 16 − 4 = ___ 14 − 3 = ___ 15 − 5 = ___

4

6− ___________ ___________ ___________ ___________

16 − 2 = ___ 14 − 1 = ___ 18 − 6 = ___ 15 − 4 = ___

5

___ − ___ = ___ ___ − ___ = ___ ___ − ___ = ___

___ − ___ = ___ ___ − ___ = ___ ___ − ___ = ___

6

−	4	0	3
14			
16			

−	5	2	1
19			
15			

−	2	7	6
17			
18			

7

8 − 4 = ___ 9 − 3 = ___ 7 − 6 = ___ 6 − 5 = ___

18 − 4 = ___ 19 − 3 = ___ 17 − 6 = ___ 16 − 5 = ___

28 − 4 = ___ 29 − 3 = ___ 27 − 6 = ___ 26 − 5 = ___

1 Ggf. Rechenstreifen und Wendeplättchen nutzen.
2 Zusammenhängende Aufgaben gleich färben.
5 Eigene zusammenhängende Aufgaben schreiben.

S. 39

Datum: ________

1

19 – 0 = ___
19 – 1 = ___
19 – 2 = ___
19 – 3 = ___
____

17 – 7 = ___
17 – 6 = ___
17 – 5 = ___
____
____

19 – 5 = ___
18 – 5 = ___
17 – 5 = ___
____
____

2 Was stellst du fest?

19 – 4 = ___
18 – 3 = ___
17 – 2 = ___
16 – 1 = ___
15 – 0 = ___

18 – 5 = ___
17 – 4 = ___
16 – 3 = ___
15 – 2 = ___
____

19 – 8 = ___
18 – 7 = ___
17 – 6 = ___
____
____

17 – 5 = ___
16 – 4 = ___
15 – 3 = ___
____
____

Das Ergebnis ist immer: ☐ 1 größer ☐ 1 kleiner ☐ gleich

3

19 – 1 = ___
18 – 2 = ___
17 – 3 = ___
16 – 4 = ___
____

15 – 5 = ___
16 – 4 = ___
17 – 3 = ___
____
____

12 – 1 = ___
14 – 2 = ___
16 – 3 = ___
____
____

19 – 8 = ___
18 – 6 = ___
17 – 4 = ___
____
____

4

12 13 14

1 Aufgabenfolge fortsetzen.
Videoaufnahme: Entdeckungen zu einem Aufgabenmuster beschreiben.

Übungen

Datum: ______________

1

−	4	2	5
7			
17			

+	3	6	4
4			
14			

−	7	3	5
8			
18			

2

+	4	3	6
12	16	15	16
14	19	17	20

____

____

−	2	5	7
17	19	13	10
20	18	15	13

____

____

3

2 + 6 = ____	7 − 5 = ____	4 + 5 = ____	9 − 3 = ____
12 + 6 = ____	17 − 5 = ____	14 + 5 = ____	19 − 3 = ____
22 + 6 = ____	27 − 5 = ____	______________	______________

4

2 Falsche Ergebnisse durchstreichen. Aufgabe mit richtiger Lösung aufschreiben.
4 Passende Additions- und Subtraktionsaufgaben aufschreiben.
Wechsel ins Themenheft Sachrechnen und Größen, S. 8-12 möglich.

S. 40

Knobeln – Plättchen legen

Datum: ____________

1 Insgesamt **7** Plättchen.
In jedes Rechteck **3**.

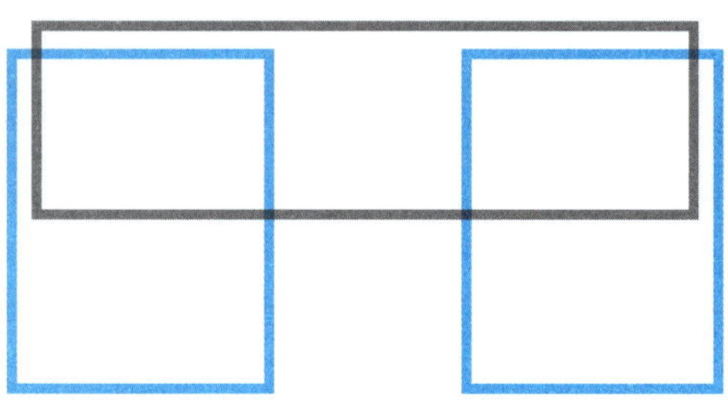

Insgesamt **10** Plättchen.
In jedes Rechteck **4**.

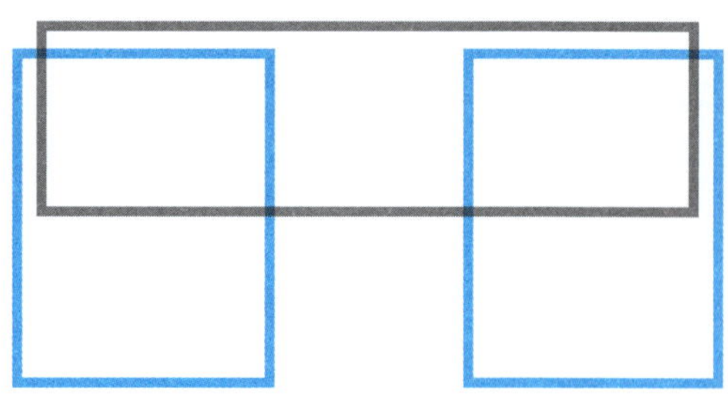

6 A-F
7 A-E

1 Mit Plättchen auf den Legeplan legen.
Senkrecht und waagerecht immer die gleiche Anzahl, jedes Feld muss belegt werden.

Zahlen zerlegen

Datum: ____________

1

9
0 + 9
1 + 8
2 +
+
+
+
+
+
+
+

10
+
+
+
+
+
+
+
+
+
+
+

6
+
+
+
+
+
+
+

8
+
+
+
+
+
+
+
+
+

5
+
+
+
+
+
+

2

2 Alle 11 Zerlegungen der 10 auswendig wissen. **Textverarbeitung:** Tabelle mit allen Zerlegungen der 10 erstellen (Vorlage in der BiBox für Lehrer/-innen), als Merkhilfe nutzen. Ggf. Merkplakat erstellen oder für eine digitale Pinnwand nutzen.

Datum: ______

2 + ___ = 10

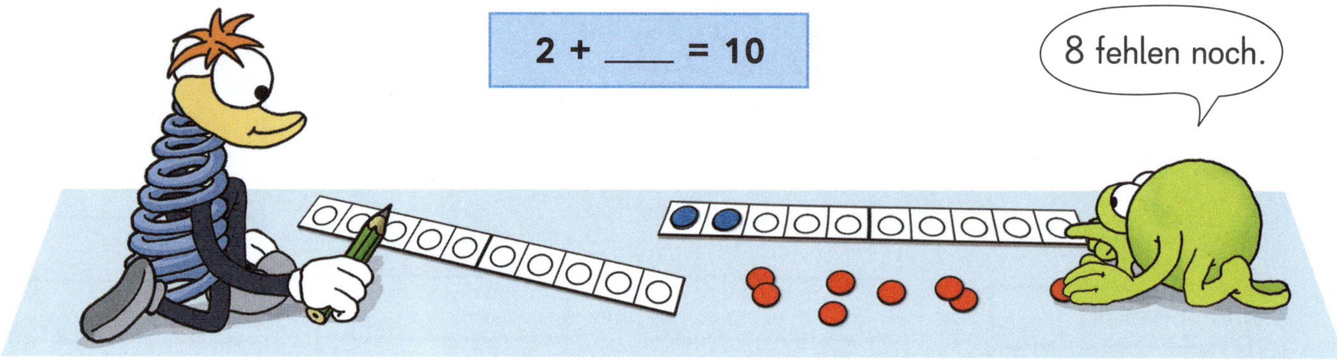

1

2 + 8 = 10 | 6 + ___ = 10 | 4 + ___ = 10 | 8 + ___ = 10

3 + ___ = 10 | 7 + ___ = 10 | 5 + ___ = 10 | 9 + ___ = 10

2

10	10	10
6 + ___	___ + 1	1 + 4 + ___
4 + ___	___ + 4	9 + 0 + ___
9 + ___	___ + 6	5 + 0 + ___
0 + ___	___ + 8	___ + 3 + 4
5 + ___	___ + 0	3 + ___ + 5
8 + ___	___ + 9	6 + ___ + 1

3

10 + 4 = ___ | 10 + 9 = ___ | 3 + 10 = ___ | 8 + 10 = ___

10 + 0 = ___ | 10 + 1 = ___ | 5 + 10 = ___ | 0 + 10 = ___

4

5 2 5
5 + 5 + 2 =

7 6 3

2 6 4

4 5 6

9 5 1

3 8 7

8 2 8

2 5 8

6 6 4

S. 41

4 Immer erst bis 10.

Datum: ____________

1

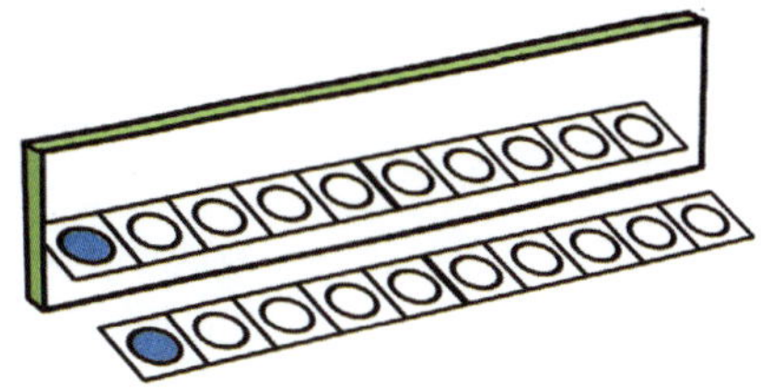

___ + ___ = ___

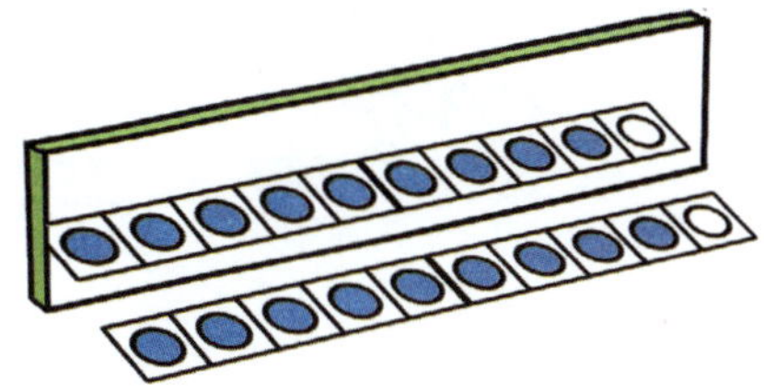

___ + ___ = ___

2

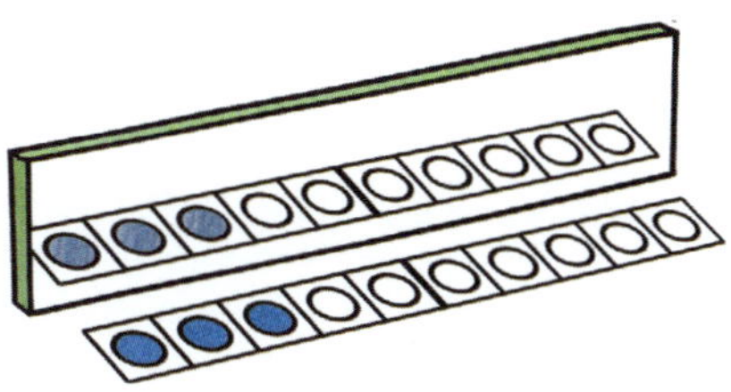

3 + 3 = ___

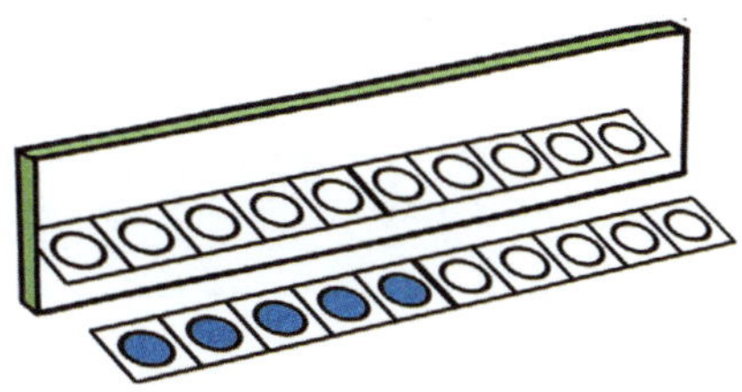

___ + ___ = ___

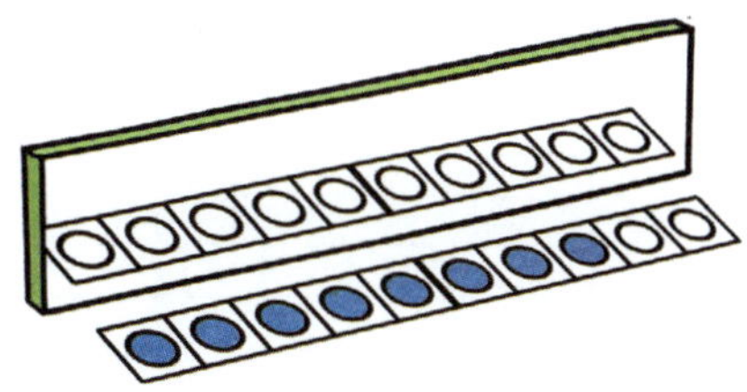

___ + ___ = ___

3

1 + 1 = ___ 10 + 10 = ___ 6 + 6 = ___ 4 + 4 = ___

2 + 2 = ___ 0 + 0 = ___ 7 + 7 = ___ 5 + 5 = ___

4

4	7	8	3	5	9	10
14	8	10	18	16	20	6

5

Zahl	3	9	7	10	6	0	1				
Das Doppelte	6	18					2	10	16	4	8

6

11 + 11 = ___ ___ ___ ___

___ ___ ___ ___

5 Alle Verdopplungsaufgaben auswendig wissen. **Textverarbeitung:** Tabelle mit den Zahlen bis 10 und ihren Doppelten erstellen (Vorlage in der BiBox für Lehrer/-innen), als Merkhilfe nutzen.

6 Eigene Aufgaben zum Verdoppeln schreiben.

S. 42

Datum: ____________

1

1 + 2 = ____
2 + 1 = ____
2 + 2 = ____
2 + 3 = ____
3 + 2 = ____

2 + 3 = ____
3 + 2 = ____
3 + 3 = ____
3 + 4 = ____
4 + 3 = ____

2

3 + 4 = ____
4 + 3 = ____
4 + 4 = ____
4 + ____ = ____
5 + 4 = ____

4 + 5 = ____
5 + 4 = ____
5 + 5 = ____
5 + ____ = ____
6 + 5 = ____

Das Verdoppeln zum Lösen von Nachbaraufgaben nutzen.

Nachbaraufgaben

Datum: ______

1

6 + 7 = ____
7 + 6 = ____ | 7 + 7 = ____ | 7 + 8 = ____
____ + 7 = ____

____ + 9 = ____
9 + 8 = ____ | 9 + 9 = ____ | 9 + 10 = ____
____ + 9 = ____

2

5 + 6 = ____
6 + ____ = ____ | 6 + 6 = ____ | 6 + ____ = ____
7 + ____ = ____

7 + ____ = ____
8 + ____ = ____ | 8 + 8 = ____ | 8 + ____ = ____
9 + ____ = ____

____
____ | 10 + 10 = ____ | ____
____

3

8 + 8 = ____	____	____	____
9 + 8 = ____	6 + 5 = ____	7 + 6 = ____	8 + 7 = ____
____	____	____	____
6 + 7 = ____	7 + 8 = ____	8 + 9 = ____	4 + 5 = ____

4

____	____	____	____
____	____	____	____

R11

3 Zu der Aufgabe eine passende Verdopplungsaufgabe schreiben.
4 Eigene Verdopplungsaufgaben schreiben. Das Partnerkind schreibt immer eine passende Nachbaraufgabe dazu.

S. 43

Addieren mit Überschreiten

8 + 6 = ___

1

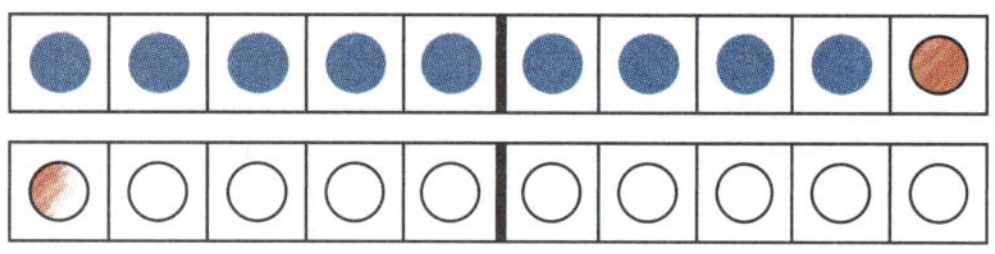

9 + 6 = ___
9 + 1 = 10
10 + ___ = ___

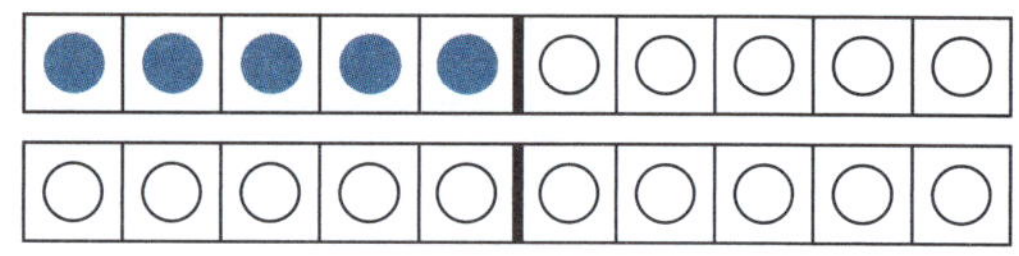

5 + 7 = ___
___ + ___ = ___
___ + ___ = ___

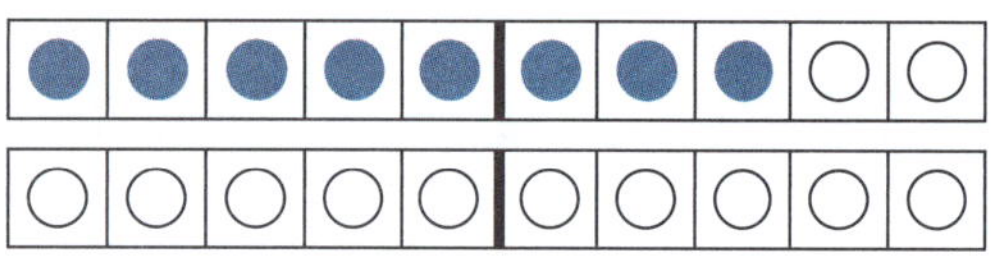

8 + 5 = ___
___ + ___ = ___
___ + ___ = ___

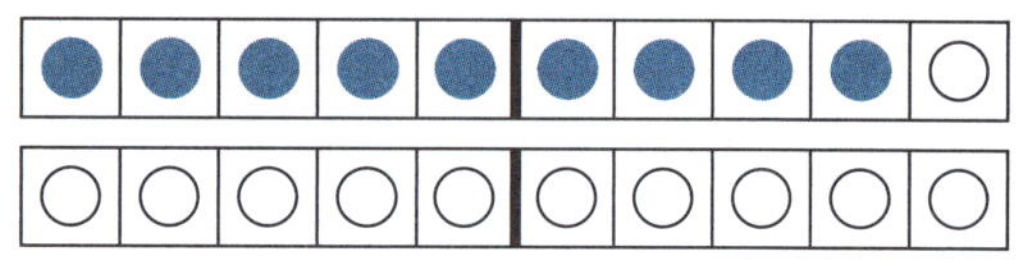

9 + 4 = ___
___ + ___ = ___
___ + ___ = ___

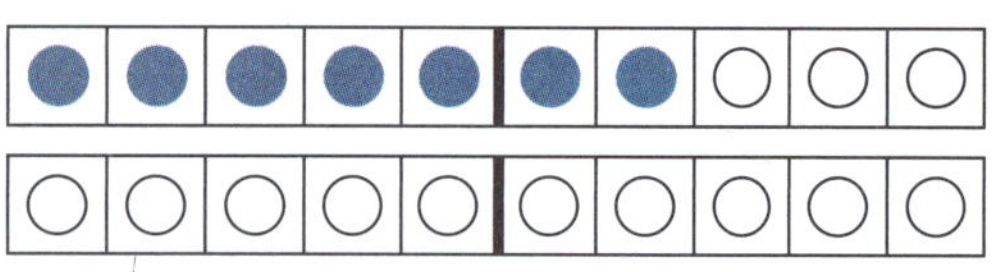

7 + 9 = ___
___ + ___ = ___
___ + ___ = ___

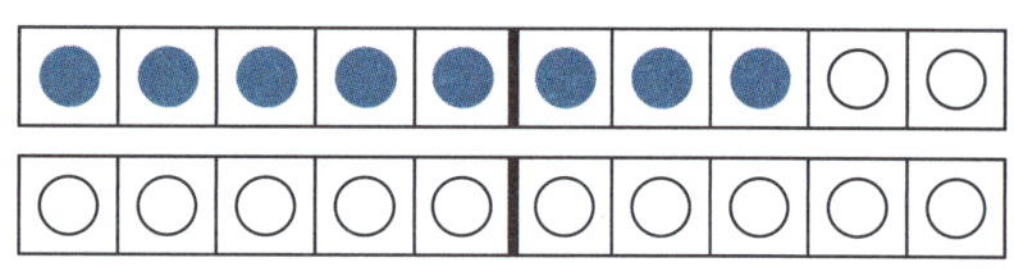

8 + 3 = ___
___ + ___ = ___
___ + ___ = ___

2

9 + 3 = ___

8 + 6 = ___

7 + 4 = ___

Rechenstreifen und Wendeplättchen nutzen.
1 Erst Plättchen malen, dann Zerlegung aufschreiben.
Videoaufnahme: Erklärfilm zum Addieren mit Überschreiten aufnehmen.

S. 44

Datum: ___

2 + 9 = ___

1 Wie rechnest du?

3 + 8 = ___ 9 + 2 = ___ 6 + 9 = ___

9 + 5 = ___ 7 + 6 = ___ 8 + 9 = ___

8 + 4 = ___ 9 + 7 = ___ 5 + 6 = ___

7 + 5 = ___ 8 + 8 = ___ 8 + 7 = ___

4 + 9 = ___ 5 + 8 = ___ 7 + 4 = ___

2

4 + 8 = ___ 8 + 5 = ___ 9 + 8 = ___ 3 + 9 = ___

6 + 7 = ___ 6 + 5 = ___ 6 + 8 = ___ 4 + 7 = ___

1 Zwischenschritte aufschreiben oder im Kopf rechnen.
Ggf. Material verwenden.

Datum: ____________

7 + 8 = ___

1 Wie rechnest du?

5 + 6 = ___
____
____

9 + 8 = ___
____
____

6 + 7 = ___
____
____

7 + 6 = ___
____
____

6 + 5 = ___
____
____

8 + 7 = ___
____
____

2 **4 + 9**

4 + 9 = ___
4 + 10 = 14
14 − 1 = ___

Zuerst die Nachbaraufgabe 4 + 10, dann …

5 + 9 = ___
5 + 10 = 15
____

3 + 9 = ___
____
____

8 + 9 = ___
____
____

6 + 9 = ___
____
____

7 + 9 = ___
____
____

2 + 9 = ___
____
____

3 Wie rechnest du?

7 + 8 = ___	8 + 9 = ___	7 + 5 = ___	4 + 8 = ___
4 + 9 = ___	7 + 6 = ___	6 + 8 = ___	9 + 5 = ___

1 Aufgaben mit Verdoppeln lösen.
2 Aufgaben mit einer Nachbaraufgabe lösen.

Datum: ____________

1

6 + 7 = ___

4 + 8 = ___

8 + 9 = ___

2

+	5	6	7
5	10		
6			

+	7	8	9
7			
8			

+	6	7	8
5			
7			

3

9 + 4 = 13
8 + 4 = ___
7 + 4 = ___
6 + 4 = ___

8 + 5 = ___
7 + 5 = ___
6 + ___

7 + 5 = ___
7 + 6 = ___
7 + 7 = ___

8 + 3 = ___
8 + 4 = ___

4

5 + 6 = ___
6 + 6 = ___
7 + 6 = ___

6 + 8 = ___
7 + 8 = ___

5 + 9 = ___
5 + 8 = ___
5 + 7 = ___

9 + 5 = ___
9 + 4 = ___

5

15	13	14
9 + 6	4 + 9	___ + ___
7 + ___	7 + ___	___ + ___
___ + ___	___ + ___	___ + ___
___ + ___	___ + ___	___ + ___
___ + ___	___ + ___	___ + ___
___ + ___	___ + ___	___ + ___

6

9 + 4 = ___
19 + 4 = ___

6 + 6 = ___
16 + 6 = ___

8 + 5 = ___
18 + 5 = ___

7 + 8 = ___
17 + 8 = ___

3, 4 Aufgabenfolgen fortsetzen.
5 Eigene Aufgaben schreiben.

S. 45

Datum: ____________

1

☐ + ☐ + ☐ = ____

3   7   5

3 + 7 + 5 = ____   7 + __ + __ = ____   ____________

3 + 5 + 7 = ____   7 + __ + __ = ____   ____________

2 Schreibe alle möglichen Aufgaben auf. Vergleiche mit deinem Partnerkind.

4   9   6

____________   ____________   ____________

____________   ____________   ____________

3

8   3   ☐

____________   ____________   ____________

____________   ____________   ____________

4

6 + 7 + 4 = ____   7 + 5 + 6 = ____   8 + 4 + 2 = ____   5 + 9 + 6 = ____

1 + 4 + 9 = ____   9 + 8 + 2 = ____   4 + 7 + 4 = ____   8 + 3 + 2 = ____

6 + 6 + 7 = ____   6 + 4 + 5 = ____   7 + 6 + 3 = ____   4 + 9 + 1 = ____

5 Vier Fehler! Schreibe das richtige Ergebnis auf.

8 + 2 + 3 = 13 ____   5 + 6 + 6 = 17 ____   5 + 6 + 5 = 15 ____

6 + 5 + 6 = 16 ____   6 + 8 + 2 = 15 ____   7 + 9 + 2 = 18 ____

4 + 8 + 0 = 12 ____   7 + 4 + 3 = 14 ____   8 + 8 + 3 = 18 ____

7 + 5 + 3 = 15 ____   4 + 7 + 7 = 18 ____   5 + 5 + 5 = 15 ____

6

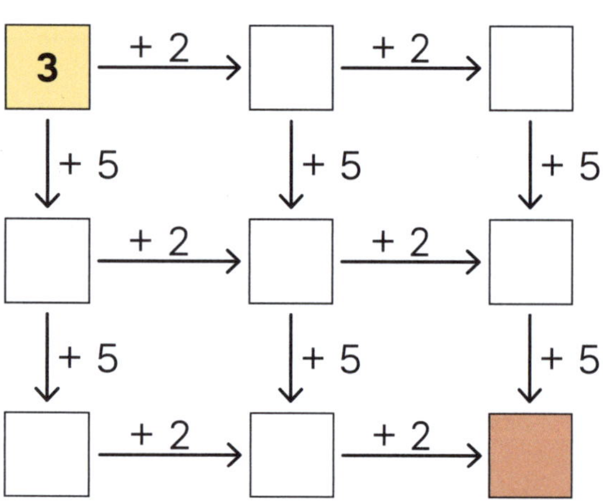

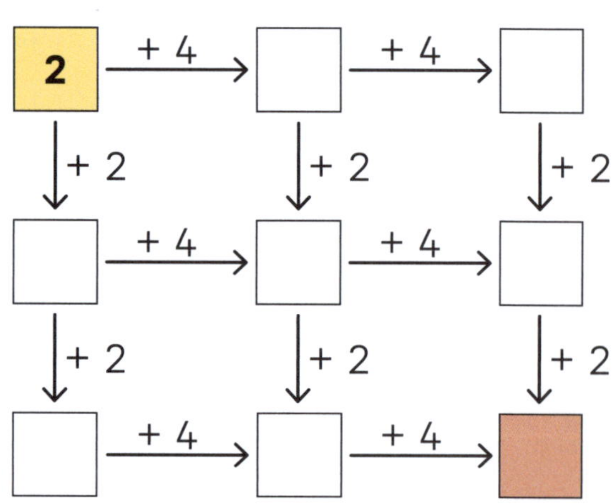

9 A-B

3 Dritte Karte so wählen, dass sich zusammen mit einer der vorgegebenen Karten die Summe 10 ergibt.

Datum: ____________

5 + 3 = 8
7
3 4 3
1 2 2 1
14
7
11
6 5 3
8
7
19 20

1 
10
5 5
1 8
2 6
5 0
7 3
4 2

2 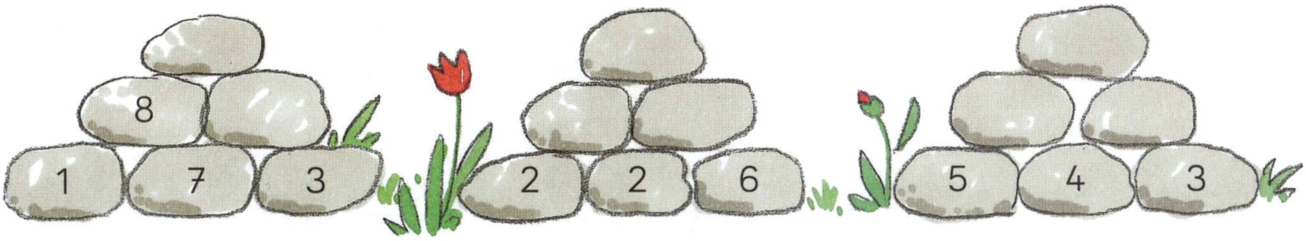
8
1 7 3
2 2 6
5 4 3

3 
1 2 3 4
4 2 1 6
3 0 2 4

4 
6
2 3
10
2 7
9
4 8

5 
5 4
3 0
18
8
5
3 1
21
11
7
6

Datum: ____________________

1 Finde viele Plusaufgaben.

5 + 4 = 9

5 + 7 =

2

3 Ergebnis 11

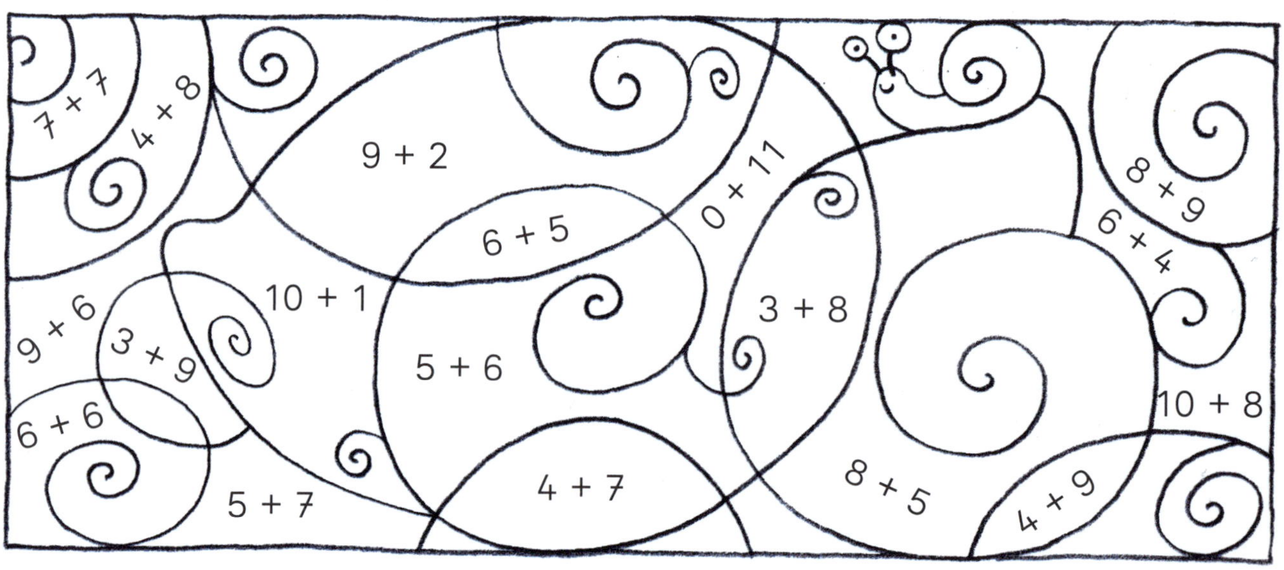

2 Passende Zahlen in die Blüten eintragen, die Summe 12 steht auf der Vase.
3 Aufgaben mit der Summe 11 gelb färben.
Wechsel ins Themenheft Sachrechnen und Größen, S. 13-16 möglich.

Datum: ____________

1

15 – ____ = 10   14 – ____ = 10   17 – ____ = 10   12 – ____ = 10

13 – ____ = 10   16 – ____ = 10   19 – ____ = 10   18 – ____ = 10

2

3

10 – 5 = ____   10 – 8 = ____   10 – 3 = ____   10 – 2 = ____

10 – 9 = ____   10 – 4 = ____   10 – 1 = ____   10 – 6 = ____

4

14 – 4 = ____   17 – 7 = ____   12 – 2 = ____   15 – 5 = ____

14 – 10 = ____   17 – 10 = ____   12 – 10 = ____   15 – 10 = ____

5

13 – 3 = ____   16 – ___ = ____   19 – ___ = ____   11 – ___ = ____

13 – 10 = ____   ____________   ____________   ____________

6

18 – 8 = ____   19 – 9 = ____   15 – 5 = ____   10 – ____ = 0

28 – ____ = 20   29 – ____ = 20   25 – ____ = 20   20 – ____ = 10

1, 2 Ggf. Material verwenden: Mit Plättchen legen oder die Aufgabe am Zwanzigerfeld mit einem Stift zeigen.

S. 47

Halbieren

Datum: ______________

1 Gerecht oder ungerecht? Kreuzt an.

☐ gerecht ☐ ungerecht ☐ gerecht ☐ ungerecht ☐ gerecht ☐ ungerecht

2

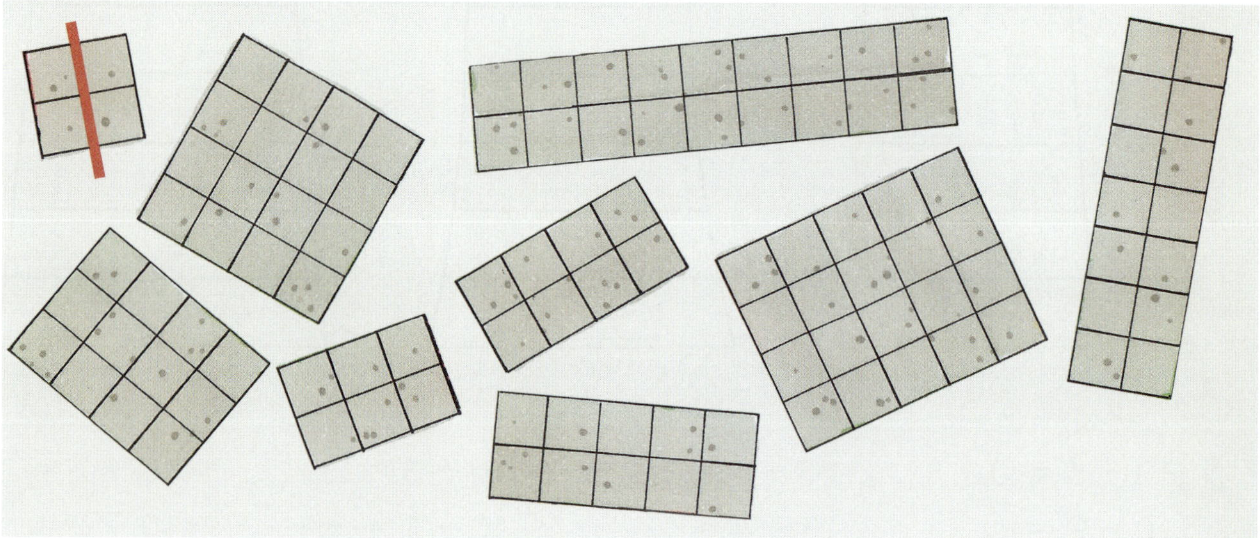

3

12 Kekse ☐ Kekse

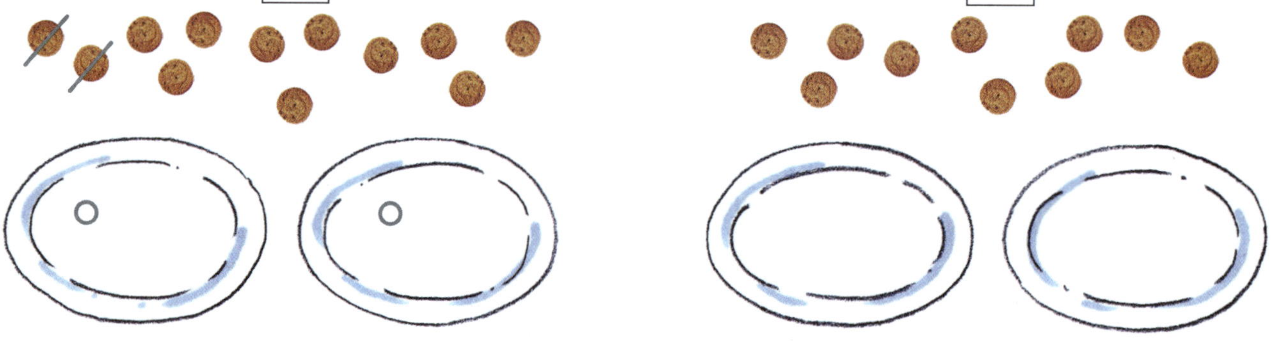

☐ ☐ ☐ ☐

2 Kästchenfelder halbieren.
3 Anzahl der Kekse halbieren.

Datum: ____________

1

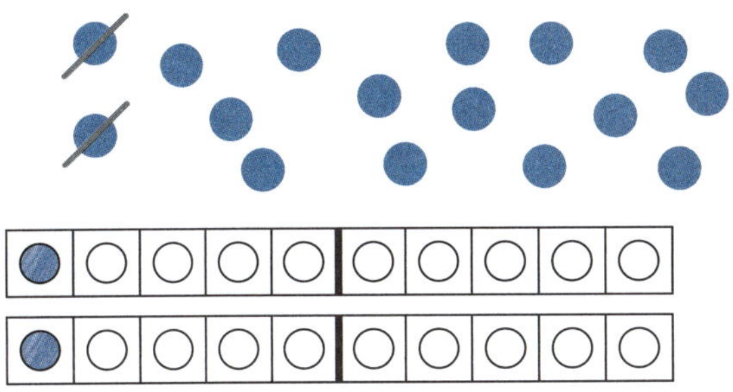

16 = ____ + ____

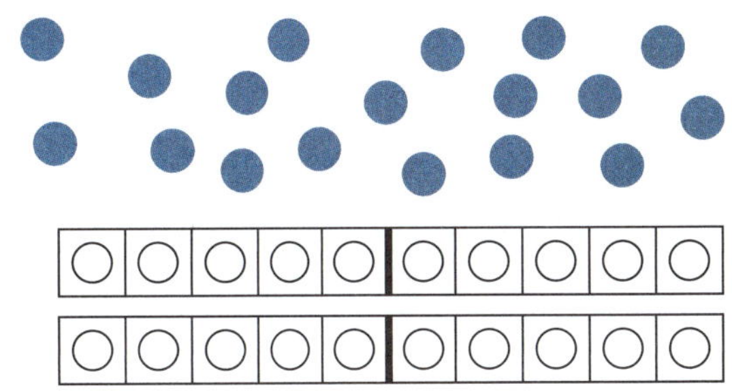

18 = ____ + ____

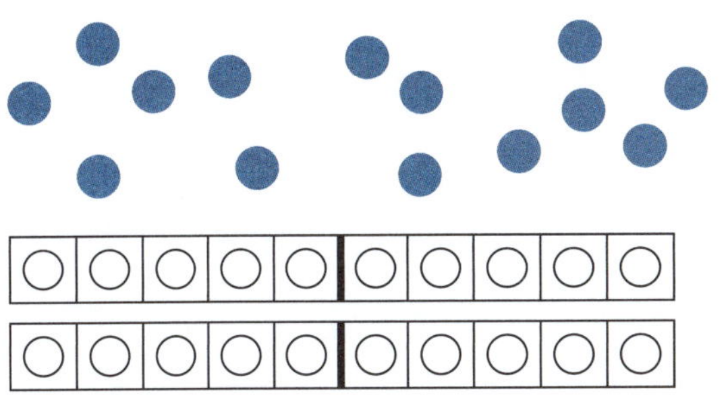

14 = ____ + ____

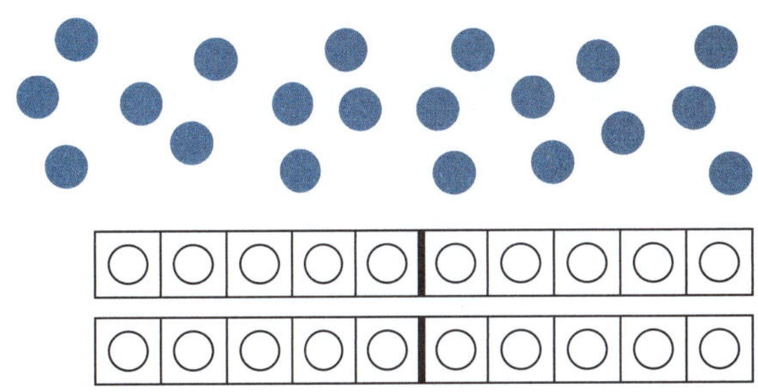

20 = ____ + ____

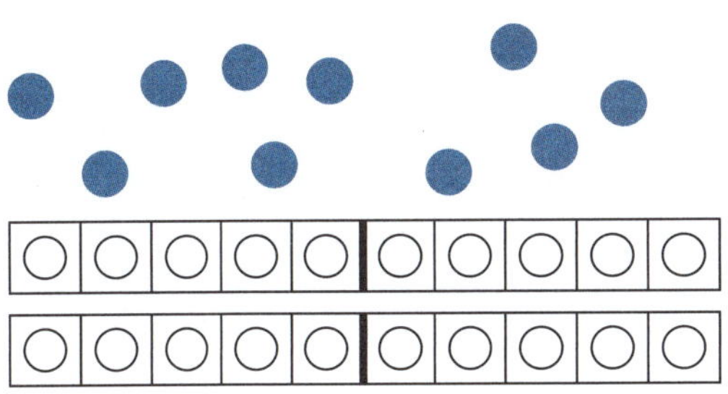

10 = ____ + ____

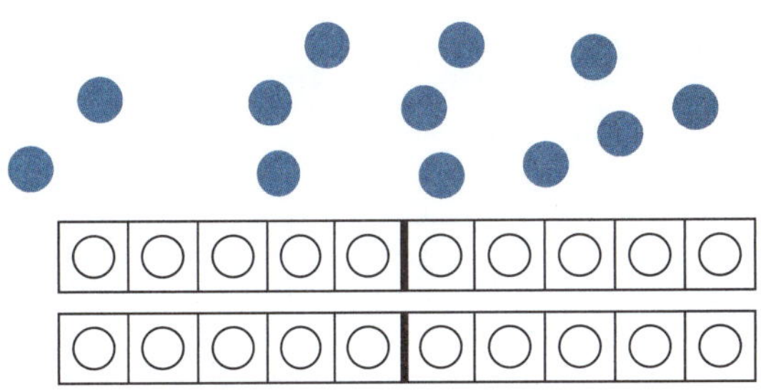

12 = ____ + ____

2

12 − 6 = ____ 10 − 5 = ____ 20 − 10 = ____

14 − 7 = ____ 18 − 9 = ____ 16 − ____ = ____

3

Zahl	18	6	10	0	14	12	2				
Die Hälfte	9						1	2	8	10	4

1 Immer ein Plättchen durchstreichen, dann abwechselnd in den oberen und unteren Rechenstreifen einzeichnen. Ggf. Material verwenden.
3 Alle Halbierungsaufgaben auswendig wissen. **Textverarbeitung:** Tabellen mit Zahlen und ihrer Hälfte erstellen (Vorlage in der BiBox für Lehrer/-innen), als Merkhilfe nutzen.

S. 48

Datum: ______

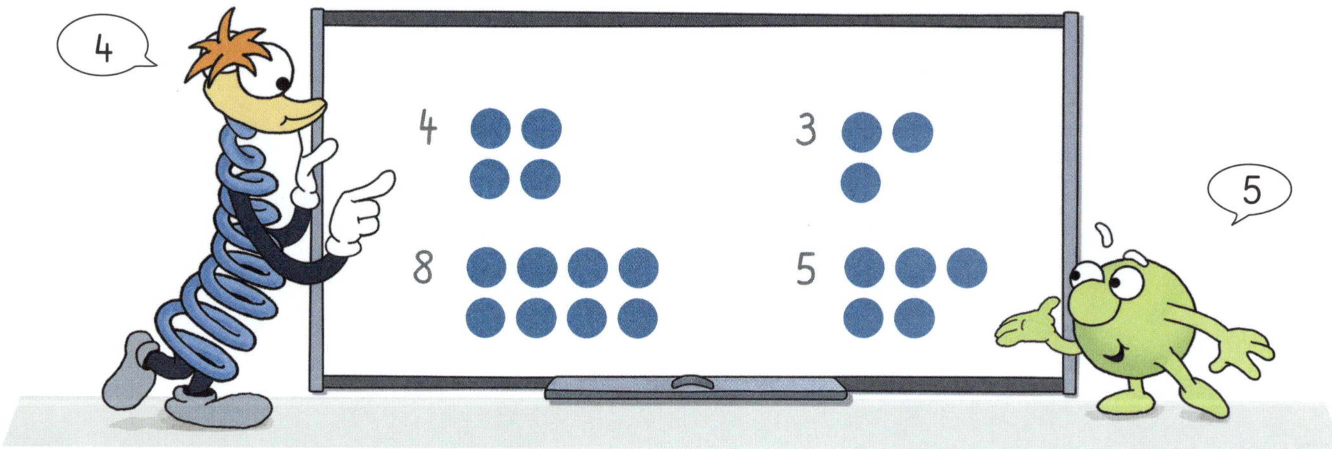

1

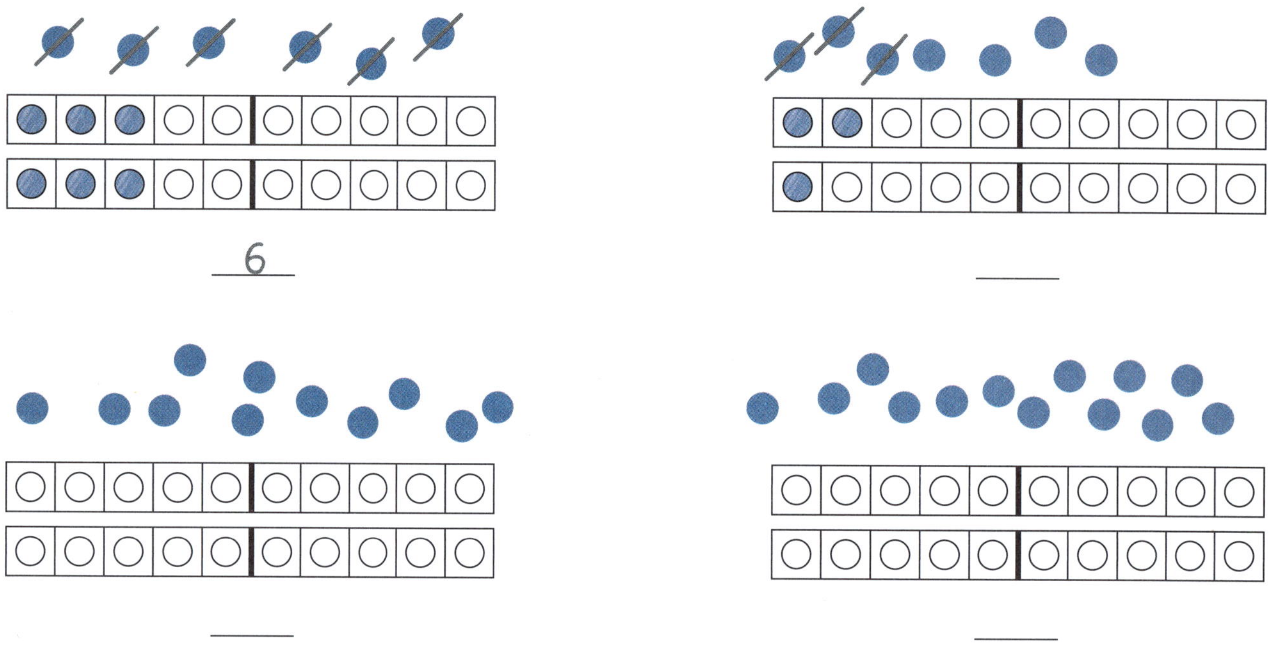

2

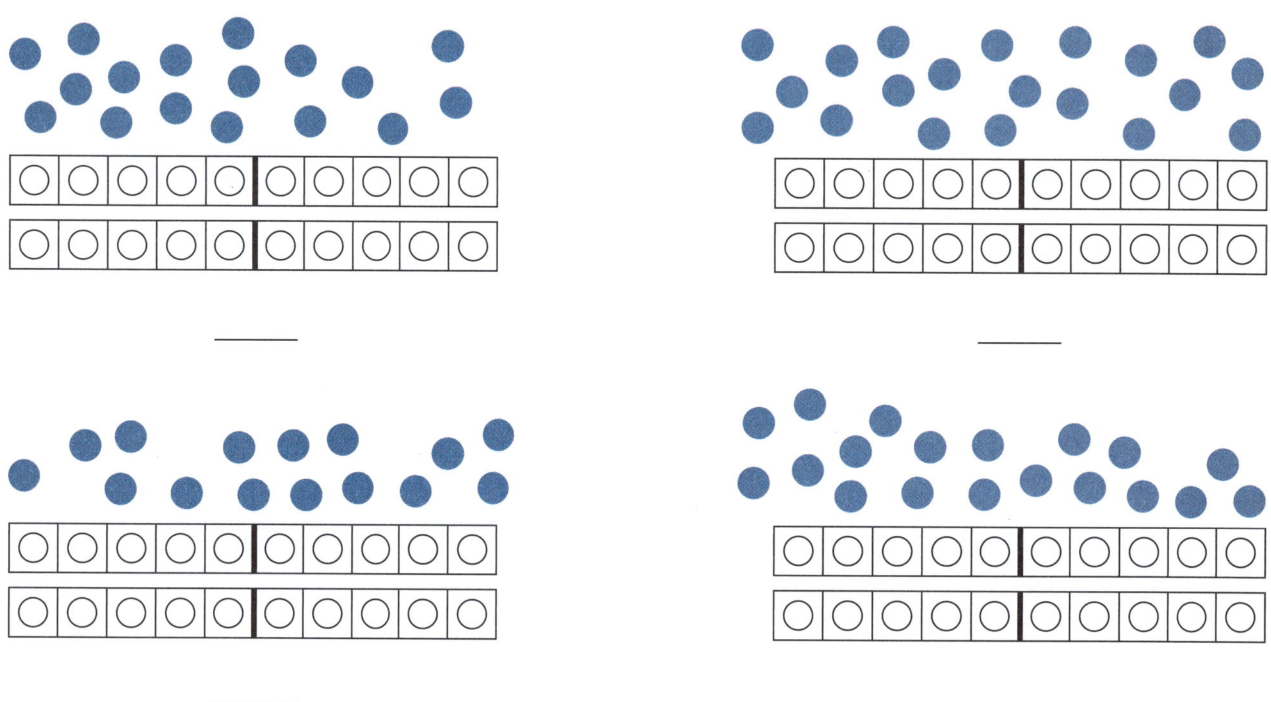

1,2 Immer ein Plättchen durchstreichen, dann abwechselnd in den oberen und unteren Rechenstreifen einzeichnen. Ggf. Material verwenden.

Datum: ______________

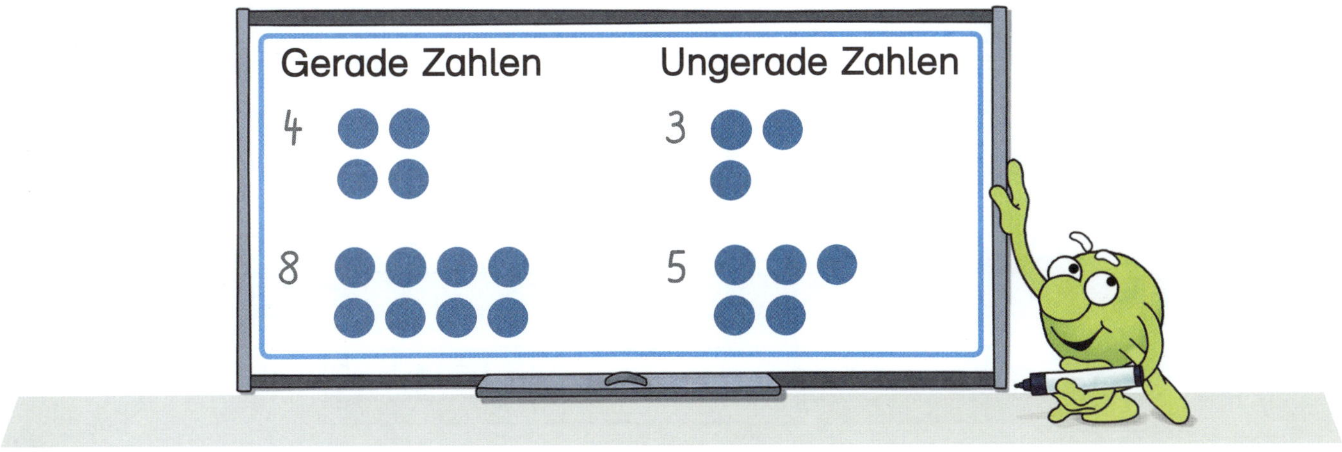

1 Gerade oder ungerade Zahl? Entscheide.

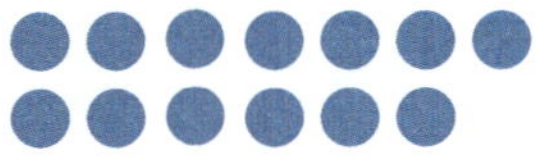

13

gerade ☐
ungerade ☐

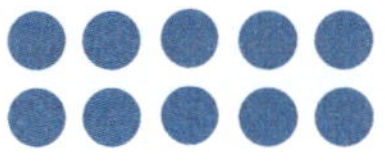

____

gerade ☐
ungerade ☐

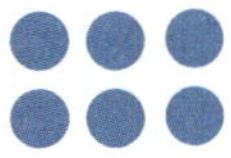

____

gerade ☐
ungerade ☐

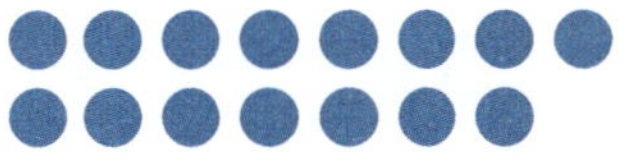

____

gerade ☐
ungerade ☐

2

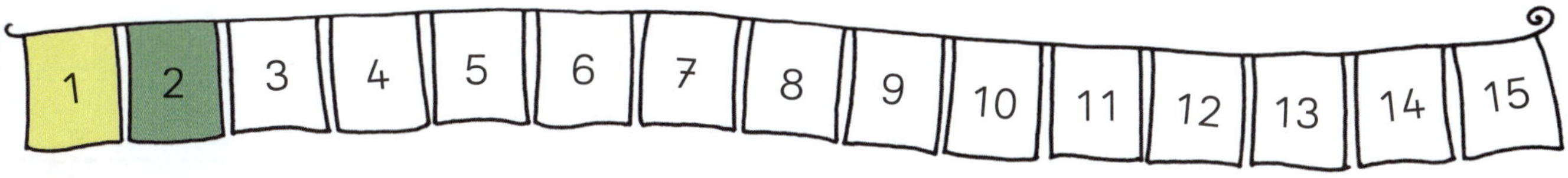

1, 3, ______________________________

____

3

~~20~~	7	22		18	
			16	21	6
23	10				
4	11	17	13		19

gerade: 20, ______________________________

ungerade: ______________________________

4

4 Textverarbeitung: Tabelle mit ungeraden und geraden Zahlen erstellen (Vorlage in der BiBox für Lehrer/-innen), als Merkhilfe nutzen.

Datum: ______________

1

3 − 2 = ____
4 − 1 = ____ 4 − 2 = ____ 4 − 3 = ____
5 − 2 = ____

5 − 3 = ____
6 − 2 = ____ 6 − 3 = ____ 6 − 4 = ____
7 − 3 = ____

2

7 − 4 = ____
8 − 3 = ____ 8 − 4 = ____ 8 − ____ = ____
9 − 4 = ____

9 − 5 = ____
10 − ____ = ____ 10 − 5 = ____ 10 − ____ = ____
11 − 5 = ____

Das Halbieren zum Lösen von Nachbaraufgaben nutzen.

Nachbaraufgaben

Datum: ____________

1

13 − 7 = ___
14 − 6 = ___ | 14 − 7 = ___ | 14 − 8 = ___
___ − 7 = ___

___ − 9 = ___
18 − 8 = ___ | 18 − 9 = ___ | 18 − 10 = ___
___ − 9 = ___

2

11 − 6 = ___
12 − ___ = ___ | 12 − 6 = ___ | 12 − ___ = ___
13 − ___ = ___

15 − ___ = ___
16 − ___ = ___ | 16 − 8 = ___ | 16 − ___ = ___
17 − ___ = ___

___
___ | 20 − 10 = ___ | ___
___

3

12 − 6 = ___	___	___	___
11 − 6 = ___	15 − 8 = ___	17 − 9 = ___	13 − 7 = ___
12 − 6 = ___	___	___	___
13 − 6 = ___	17 − 8 = ___	19 − 9 = ___	15 − 7 = ___

4

___	___	___	___
___	___	___	___

R13

3 Zu der Aufgabe eine passende Halbierungsaufgabe schreiben.
4 Eigene Halbierungsaufgaben schreiben. Das Partnerkind schreibt immer eine passende Nachbaraufgabe dazu.

S. 49

Subtrahieren mit Überschreiten

1

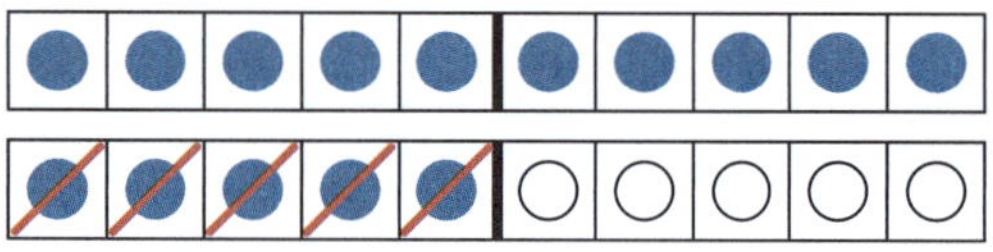

15 − 8 = ___
15 − 5 = 10
10 − ___ = ___

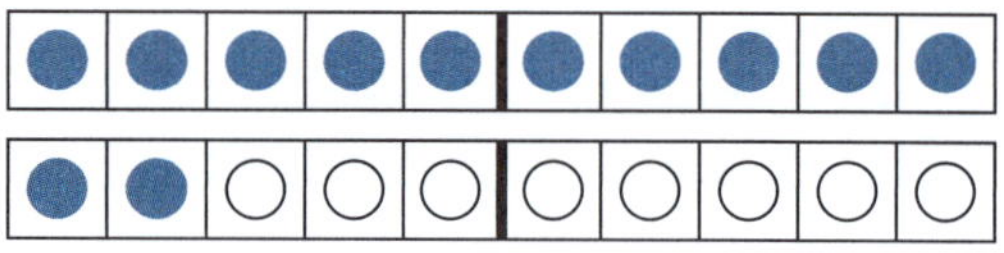

12 − 7 = ___
___ − ___ = ___
___ − ___ = ___

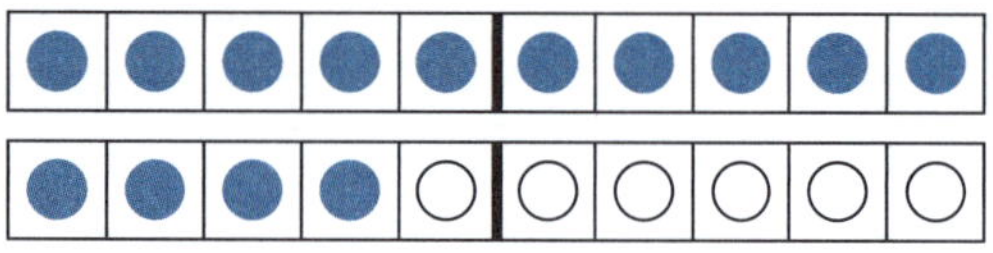

14 − 7 = ___
___ − ___ = ___
___ − ___ = ___

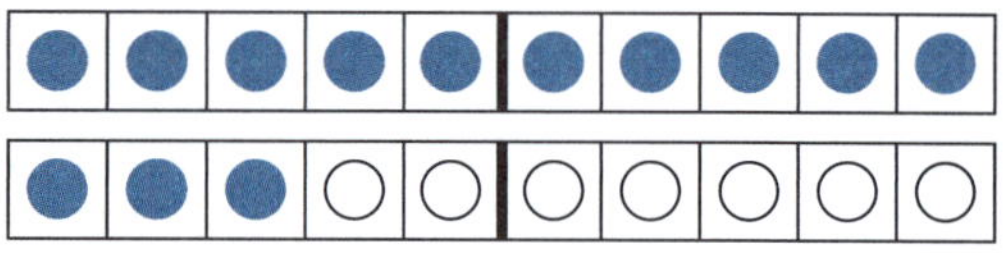

13 − 9 = ___
___ − ___ = ___
___ − ___ = ___

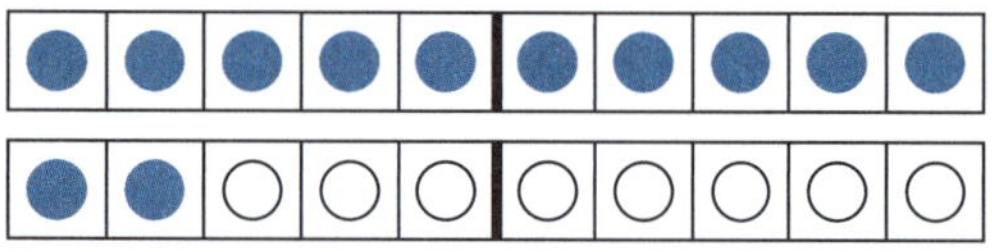

12 − 5 = ___
___ − ___ = ___
___ − ___ = ___

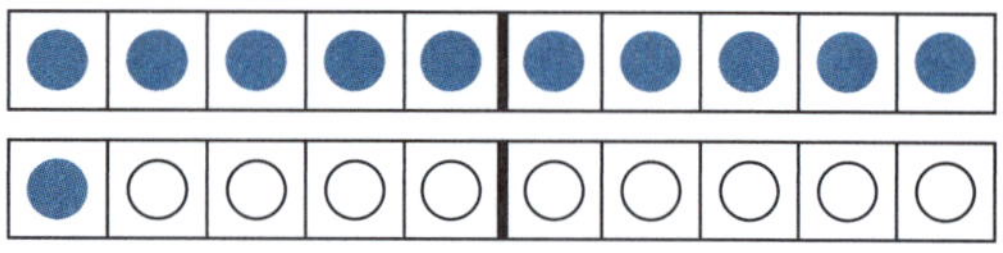

11 − 8 = ___
___ − ___ = ___
___ − ___ = ___

2 13 − 4 = ___ 12 − 3 = ___ 11 − 7 = ___

S. 50

Rechenstreifen und Wendeplättchen nutzen.
1 Erst Plättchen wegstreichen, dann Zerlegung aufschreiben.
Videoaufnahme: Erklärfilm zum Subtrahieren mit Überschreiten aufnehmen.

Subtrahieren mit Überschreiten

Datum: ____________

11 − 7 = ___

1 Wie rechnest du?

17 − 8 = ___	14 − 9 = ___	13 − 6 = ___
12 − 4 = ___	15 − 9 = ___	14 − 8 = ___
16 − 7 = ___	11 − 4 = ___	17 − 9 = ___
11 − 6 = ___	13 − 5 = ___	15 − 7 = ___
16 − 9 = ___	12 − 6 = ___	13 − 7 = ___

2

13 − 8 = ___	14 − 5 = ___	15 − 6 = ___	12 − 7 = ___
12 − 9 = ___	11 − 3 = ___	16 − 8 = ___	14 − 6 = ___

1 Zwischenschritte aufschreiben oder im Kopf rechnen.
Ggf. Material verwenden.

S. 51 11 A-G

Datum: ____

15 − 7 = ____

13 − 7 = ____

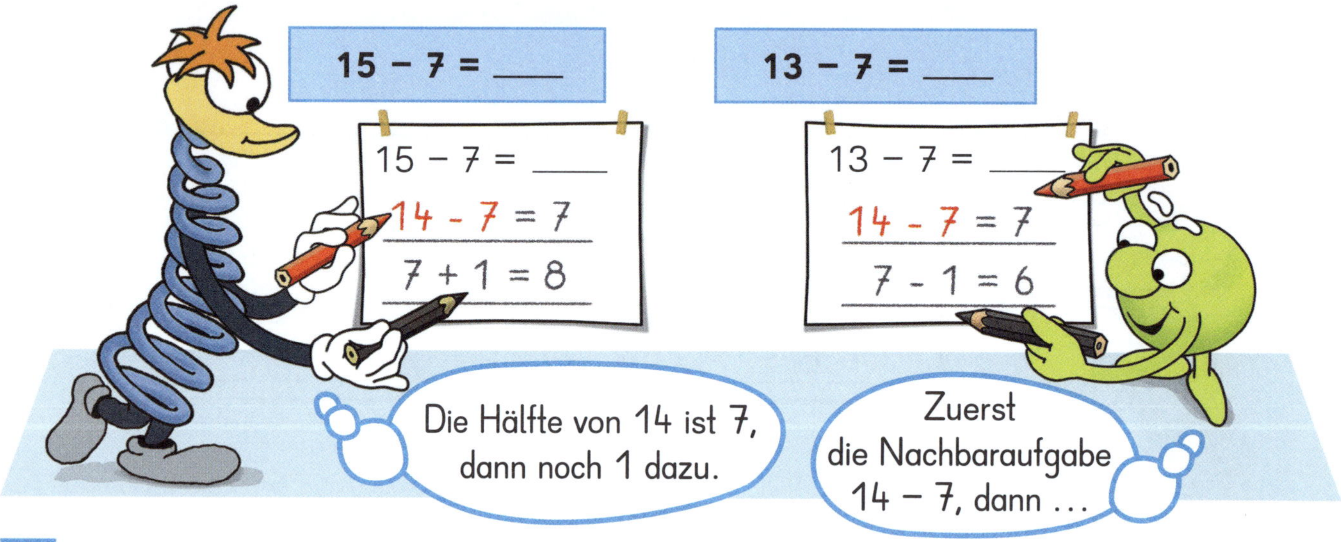

1 Wie rechnest du?

13 − 6 = ____ | 17 − 8 = ____ | 15 − 7 = ____

11 − 6 = ____ | 17 − 9 = ____ | 15 − 8 = ____

2 **14 − 9**

14 − 9 = ____
14 − 10 = 4
4 + 1 =

Zuerst die Nachbaraufgabe 14 − 10, dann ...

18 − 9 = ____
18 − 10 = 8

16 − 9 = ____

15 − 9 = ____

11 − 9 = ____

13 − 9 = ____

17 − 9 = ____

3 Wie rechnest du?

13 − 7 = ____	12 − 9 = ____	11 − 5 = ____	16 − 7 = ____
15 − 9 = ____	13 − 8 = ____	14 − 8 = ____	12 − 8 = ____

1 Aufgaben mit Halbieren lösen.
2 Aufgaben mit einer Nachbaraufgabe lösen.

Datum: ______

Subtrahieren mit Überschreiten

1

12 − 9 = ___

13 − 6 = ___

17 − 8 = ___

2

−	7	6	5
14			
13			

−	8	7	6
16			
15			

−	9	8	7
11			
13			

3

13 − 4 = ___
12 − 4 = ___
11 − 4 = ___
10 − 4 = ___

16 − 7 = ___
15 − 7 = ___
14 − ___

13 − 7 = ___
13 − 6 = ___
13 − 5 = ___

12 − 8 = ___
12 − 7 = ___

4

13 − 7 = ___
14 − 7 = ___
15 − 7 = ___

12 − 8 = ___
13 − 8 = ___

14 − 9 = ___
14 − 8 = ___
14 − 7 = ___

11 − 6 = ___
11 − 5 = ___

5

6

11 − 4 = ___
21 − 4 = ___

14 − 6 = ___
24 − 6 = ___

13 − 4 = ___
23 − 4 = ___

17 − 8 = ___
27 − 8 = ___

3, 4 Aufgabenfolge fortsetzen.
5 Eigene Aufgaben schreiben.

S. 52

Datum: ____________

1

15 3 5

12 4 6

15 – ___ – ___ = ___   ____________________

____________________   ____________________

2 Schreibe beide Aufgaben auf.

13 | 3 | 6 ____________________ ____________________

8 | 16 | 4 ____________________ ____________________

3

6 | 7 | 14 ____________________ ____________________

18 | 8 | 9 ____________________ ____________________

4

16 – 3 – 6 = ___   12 – 2 – 5 = ___   14 – 6 – 3 = ___
13 – 3 – 7 = ___   15 – 8 – 3 = ___   12 – 5 – 2 = ___
15 – 9 – 3 = ___   14 – 4 – 9 = ___   19 – 9 – 5 = ___

5 Vier Fehler! Schreibe das richtige Ergebnis auf.

14 – 2 – 4 = 8 ___   17 – 6 – 7 = 5 ___   11 – 1 – 3 = 7 ___
16 – 4 – 6 = 7 ___   16 – 6 – 8 = 2 ___   13 – 5 – 3 = 5 ___
14 – 8 – 2 = 4 ___   15 – 9 – 3 = 3 ___   12 – 7 – 2 = 4 ___
15 – 7 – 5 = 3 ___   12 – 2 – 3 = 5 ___   17 – 8 – 4 = 5 ___

6

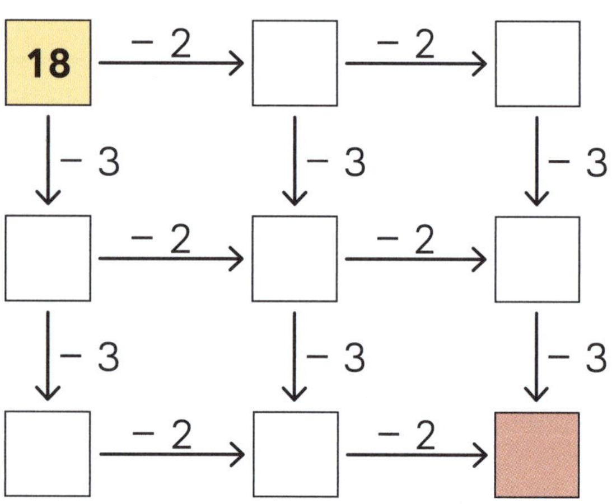

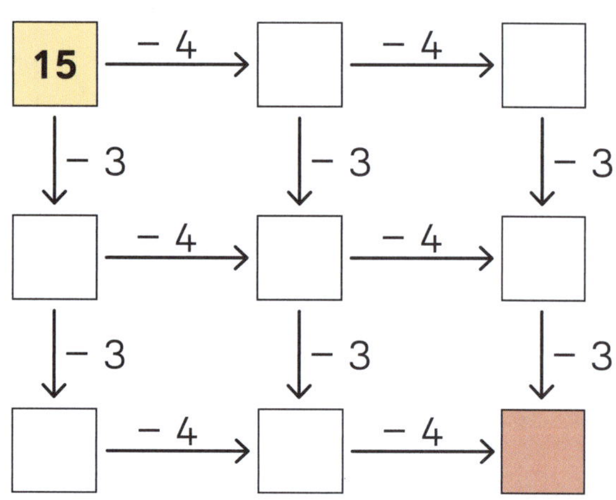

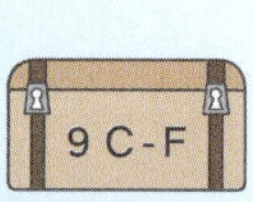

1–5 Aufgaben – wenn möglich – durch geschicktes Zusammenfassen lösen.

Übungen zum Subtrahieren

Datum: ______________

1 Finde viele Minusaufgaben.

15 – 4 = ______

______

______

2

3 Ergebnis 7

2 Passende Zahlen in die Blüten eintragen, die Differenz 8 steht auf der Vase.
3 Aufgaben mit der Differenz 7 blau färben.

Datum: ______________

1

4 7 2
3 5 7
8 2 8

2

8
5 7
12
2 6
11
5 3
9 8
2
9 11
4
8 12
6

3

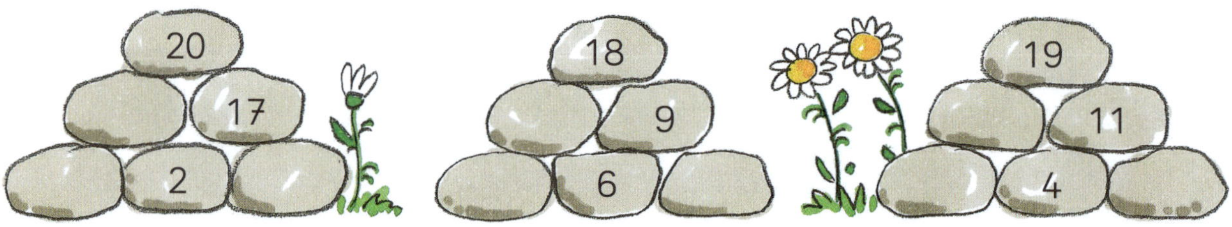
20
17
2
18
9
6
19
11
4

4

3 2 4
4 2 3
2 3 4
Unten immer gleiche Zahlen, aber oben?
4 3 2
2 4 3
3 4 2

Datum: ______________

1

 2., 3., ______________

 ______________

 ______________

 ______________

 ______________

 ______________

2

6. 11. 13. 1. 14. 7.

3 Preisverleihung beim Fahrradrennen

1. Platz	2. Platz 3. Platz	4. Platz bis 6. Platz	7. Platz bis 8. Platz	9. Platz bis 12. Platz	13. Platz bis 15. Platz

	1. Platz	3. Platz	5. Platz	10. Platz			
Gewinn							

1 Richtige Reihenfolge eintragen. Platz der Kinder mit rotem, blauen, … Fahrrad, Shirt, … eintragen. **2** Kleidung passend färben. **3** Preise malen und mögliche Plätze aufschreiben.
Videoaufnahme: Situationen mit Ordnungscharakter aufnehmen und präsentieren.
Wechsel ins Themenheft Sachrechnen und Größen, S. 17-23 möglich.

R14
S. 53

Datum: ______________

[1] [4] [ ]

1 + 4 = 5

1

[1] [8] [ ]

1 + 8 = ____

[ ] [ ] [ ]

12 + 3 = ____

[ ] [ ] [ ]

4 + 7 = ____

[ ] [ ] [ ]

5 + 8 = ____

2

[3] [5] [ ]

3 + 5 = ____

[ ] [ ] [ ]

2 + 4 = ____

[ ] [ ] [ ]

9 + 3 = ____

[ ] [ ] [ ]

8 + 8 = ____

3

[ ] [ ] [16]

____ + ____ = ____

[ ] [ ] [16]

____ + ____ = ____

[ ] [ ] [16]

____ + ____ = ____

[ ] [ ] [16]

____ + ____ = ____

3 Eigene Additionsaufgaben mit der Summe 16 schreiben.

Datum: ____________

18 | 9 | ☐

18 − 9 = ___

1

6 | 3 | ☐

6 − 3 = ___

☐ ☐ ☐

12 − 5 = ___

☐ ☐ ☐

16 − 4 = ___

☐ ☐ ☐

14 − 8 = ___

2

13 | 5 | ☐

13 − 5 = ___

☐ ☐ ☐

7 − 3 = ___

☐ ☐ ☐

15 − 8 = ___

☐ ☐ ☐

17 − 6 = ___

3

4 + ___ = 9

___ + ___ = 18

___ − ___ = 12

___ − ___ = 17

____

____

____

____

____

____

Gerade Zahl plus gerade Zahl ergibt …

Gerade Zahl minus gerade Zahl ergibt …

Gerade Zahl plus ungerade Zahl ergibt …

Gerade Zahl minus …

Ungerade Zahl plus …

Ungerade Zahl minus …

3 Eigene Additions- oder Subtraktionsaufgaben schreiben. Gesetzmäßigkeit finden.

Aufgabenfamilien

Datum: ____________

1

15 | 8 | 7

- 8 + 7 = 15
- 7 + 8 = 15
- 15 − 7 = ____
- 15 − ____ = ____

9 | 12 | 3

- 9 + 3 = ____
- 3 + ____ = ____
- ____ − ____ = ____
- ____ − ____ = ____

8 | 9 | 17

- 8 + 9 = ____
- ____ + ____ = ____
- ____ − ____ = ____
- ____ − ____ = ____

2

13 | 5 | 8

- ____ + ____ = ____
- ____ + ____ = ____
- ____ − ____ = ____
- ____ − ____ = ____

16 | 9 | 7

8 | 6 | 14

3

2 | 9 | 11

- ____ + ____ = ____
- ____ + ____ = ____
- ____ − ____ = ____
- ____ − ____ = ____

18 | 10 | 8

7 | 19 | 12

Datum: ____________

1

2

3

4

S. 54

4 Eigene Aufgabenfamilien finden.

Datum: ____________

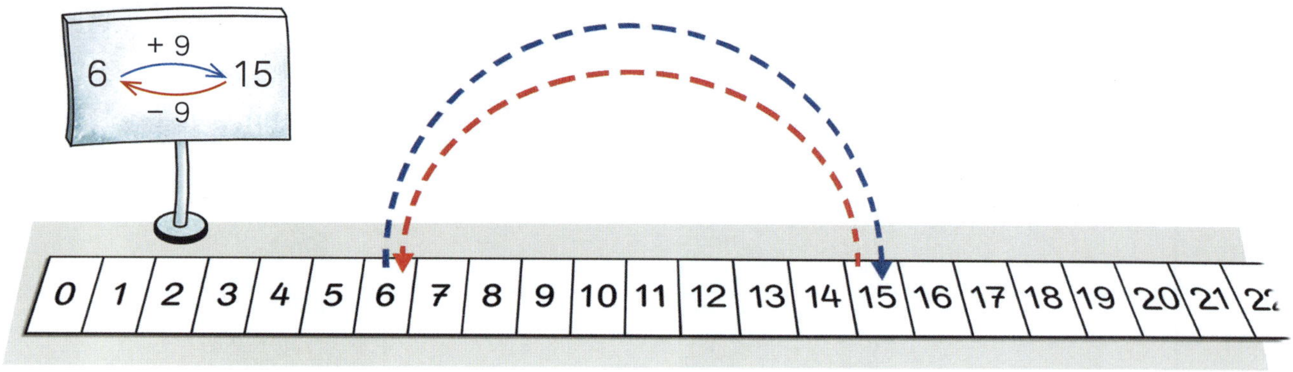

1

6 —(+ 9)→ ____ / ← (− 9)

17 —(− 4)→ ____ / ← (+ ____)

6 + 9 = ____
____ − 9 = 6

17 − 4 = ____
____ + 4 = 17

2

____ —(+ 7)→ 13 / ← (− 7)

____ —(+ 5)→ 12 / ← (____)

____ —(+ 9)→ 18 / ← (____)

____ + 7 = 13
____

____ + 5 = 12
____

____ + 9 = 18
____

3

____ —(− 6)→ 8 / ← (____)

____ —(− 8)→ 11 / ← (____)

____ —(− 3)→ 12 / ← (____)

____ − 6 = 8
____

____ − 8 = 11
____

____ − 3 = 12
____

4

____ + 8 = 16	____ − 9 = 7	____ + 4 = 12	____ − 3 = 17
____ + 5 = 19	____ − 6 = 4	____ + 6 = 14	____ − 7 = 8
____ + 7 = 11	____ − 4 = 9	____ + 5 = 13	____ − 6 = 7
____ + 9 = 15	____ − 9 = 11	____ + 8 = 17	____ − 3 = 9

S. 55

Datum: ____________

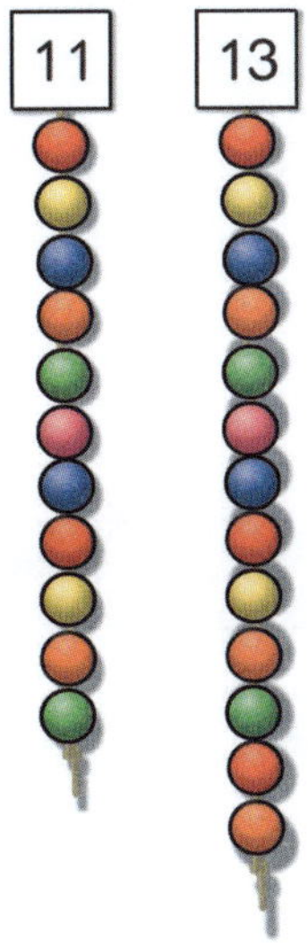

1 Bestimme den Unterschied.

17 − ____________ Unterschied: ____

____________ Unterschied: ____

2

4	9

Unterschied: ____

9 − 4

19	17

Unterschied: ____

____

11	7

Unterschied: ____

____

7	20

Unterschied: ____

____

6	8

Unterschied: ____

____

17	7

Unterschied: ____

____

3

13	☐

Unterschied: 3

13	☐

Unterschied: 3

14	☐

Unterschied: 4

14	☐

Unterschied: 4

18	☐

Unterschied: 3

18	☐

Unterschied: 3

19	☐

Unterschied: 4

19	☐

Unterschied: 4

1, 2 Eigene Rechenwege notieren.
3 Es gibt immer zwei Möglichkeiten.
Wechsel ins Themenheft Sachrechnen und Größen, S. 24-29 möglich.

S. 56

13 A-D
14 A-D

Datum: ______________

+	0	1	2	3	4	5	6	7	8	9	10
0		1	2								
1											
2											
3											
4											
5											
6											
7											
8											
9											
10											

1

6 + 0 = 6
6 + 1 =

0 + 9 = 9

1 Zugehörige Aufgaben aufschreiben. Gesetzmäßigkeiten entdecken.

Datum: ___________

1

10 + 0 = 10	0 + 0 = 0	

2

3
3 + 0 = 3

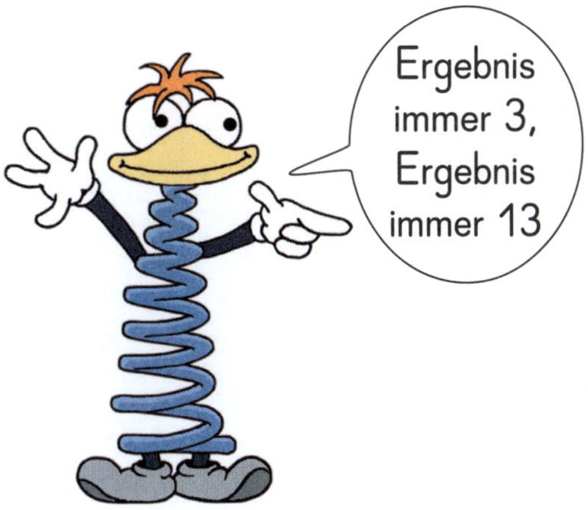

13

3

15	16
16	17

7 + 8 = 15	7 + 9 = 16
8 + 8 =	

1 **Textverarbeitung:** Aufgabenmuster mit Symbolen in der Einspluseins-Tafel darstellen (Vorlage in der BiBox für Lehrer/-innen), für eine Aufgabenkartei nutzen.
2 Aufgaben mit der Summe 3 und 13 in der Einspluseins-Tafel finden.
3 Zu den Summen in der Einspluseins-Tafel die passenden Aufgaben finden.

Datum: ____________

–	0	1	2	3	4	5	6	7	8	9	10
20											
19											
18											
17											
16											
15											
14											
13											
12											
11											
10											

1

11 – 5 = ____________

1 Zugehörige Aufgaben aufschreiben. Gesetzmäßigkeiten entdecken.

Die Einsminuseins-Tafel

Datum: ______________

1

20 – 5 = ____

2

17	3	2

3

14	13
13	12

14 – 0 = 14	
13 – 0 =	

1 Textverarbeitung: Aufgabenmuster mit Symbolen in der Einsminuseins-Tafel darstellen (Vorlage in der BiBox für Lehrer/-innen), für eine Aufgabenkartei nutzen.
2 Aufgaben mit der Differenz 17, 3 und 2 in der Einsminuseins-Tafel finden.
3 Zu den Differenzen in der Einsminuseins-Tafel passende Aufgaben finden.

Datum: ____________

1 Welche Lose gewinnen? Male sie gelb an.

Gewinn: Ergebnis kleiner als 8

17 – 6 | 1 + 2
14 – 7 | 2 + 5 | 12 – 9
14 – 5 | 3 + 6 | 12 + 6

Gewinn: Ergebnis kleiner als 16

12 + 5 | 20 – 3
14 + 1 | 8 + 7 | 19 – 4
18 – 5 | 11 + 5 | 9 + 8

2 Nur Gewinne

Gewinn: Ergebnis größer als 9

8 + 3

Gewinn: Ergebnis kleiner als 18

3 Setze ein: <, > oder =

5 + 1 (<) 7	17 + 3 ◯ 19	18 – 4 ◯ 10	12 + 4 ◯ 17
2 + 7 ◯ 7	18 + 0 ◯ 19	15 – 5 ◯ 10	10 + 3 ◯ 12
3 + 6 ◯ 7	20 – 1 ◯ 19	15 – 6 ◯ 10	15 – 4 ◯ 19
4 + 2 ◯ 7	15 + 2 ◯ 19	18 – 3 ◯ 10	16 – 1 ◯ 16

2 Eigene Lose schreiben.

Datum: ______________

1 Male die passenden Kugeln gelb an.

2 Finde alle passenden Zahlen.

9 + ____ < 13	13 – ____ > 10	14 + ____ < 18	19 – ____ > 15
9 + 0 < 13			

3 Welche Zahlen passen?

9 + ____ < 12
0, 1, ____________

7 + ____ < 13
____

12 – ____ > 7
____

17 – ____ > 15
____

11 + ____ < 16
____

11 – ____ > 7
____

9 + ____ < 11
____

9 – ____ > 7
____

12 + ____ < 14
____

12 + ____ < 13
____

18 – ____ > 15
____

17 – ____ > 16
____

S. 57

Wechsel ins Themenheft Sachrechnen und Größen, S. 30-31 möglich.

Datum: ____________

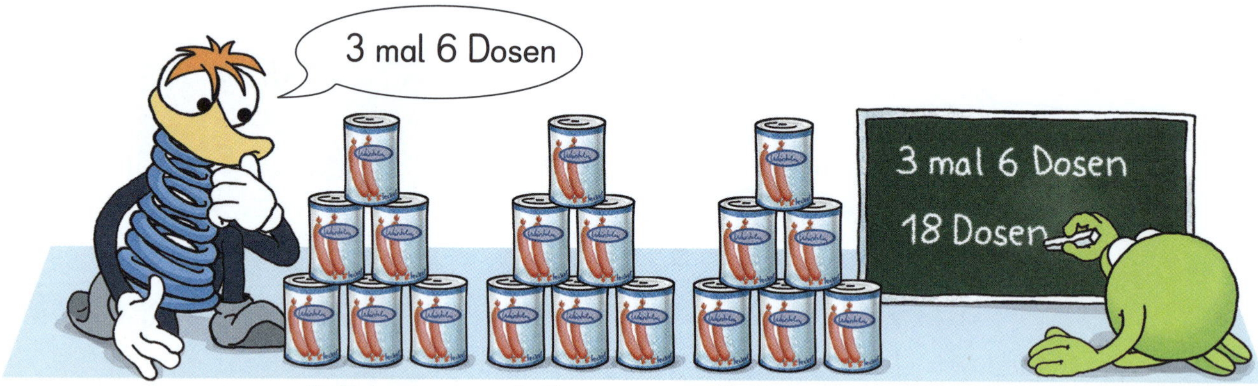

6 Dosen + 6 Dosen + 6 Dosen

1

2 mal 3 Äpfel

3 + 3 = ____________

____ Äpfel

3 mal 6 Eier

6 + ____________

____ Eier

3 mal 5 Nüsse

____

____ Nüsse

4 mal 2 Kirschen

____

____ Kirschen

2

3 mal ________ Paprika

____

____ Paprika

________ Tomaten

____

____ Tomaten

________ Bananen

____

____ Bananen

________ Nüsse

____

____ Nüsse

1 Plusaufgabe und Ergebnis schreiben.
2 Malaufgabe, Plusaufgabe und Ergebnis schreiben.

Datum: ____________

1

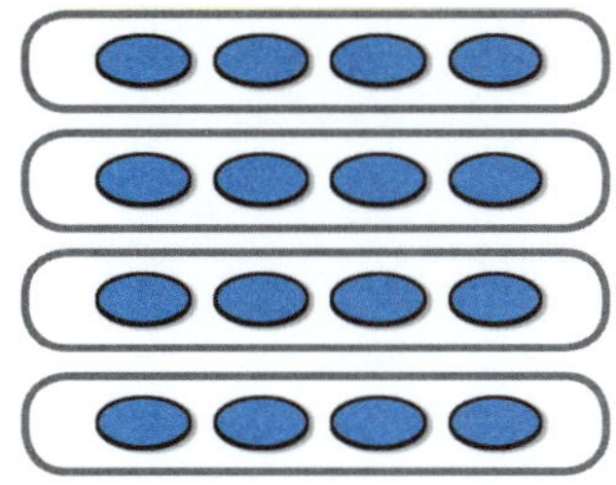

5 mal 2 Plättchen = ____ Plättchen

2 + 2 + 2 + 2 + 2 = ____

4 mal 4 Plättchen = ____ Plättchen

____

2

3 mal 5 = ______

5 + ______

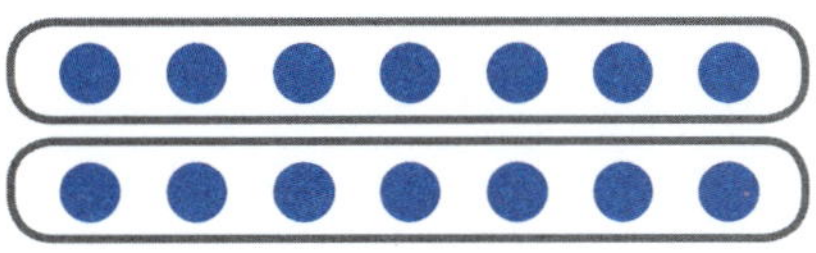

2 mal ______

______

3

4 mal 5 = ______

5 + ______

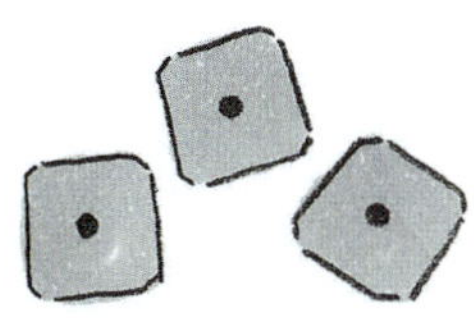

3 mal ______

______

______

______

4

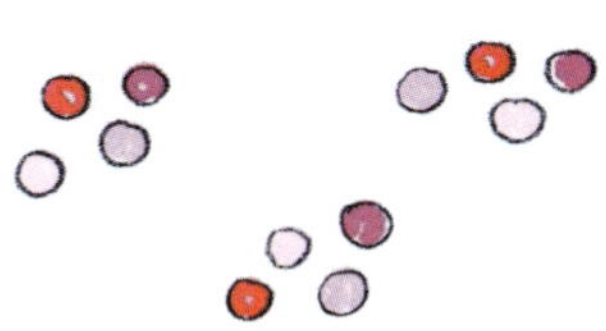

4 + 4 + 4 = ____

3 mal   = ______

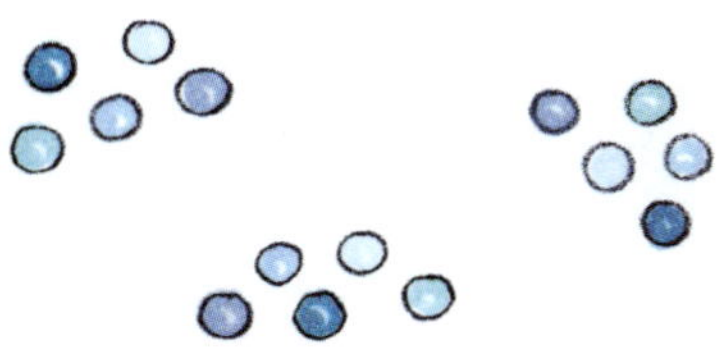

5 + 5 + 5 = ____

______

3 + 3 + 3 = ____

______

5

9 + 9 = ______

______

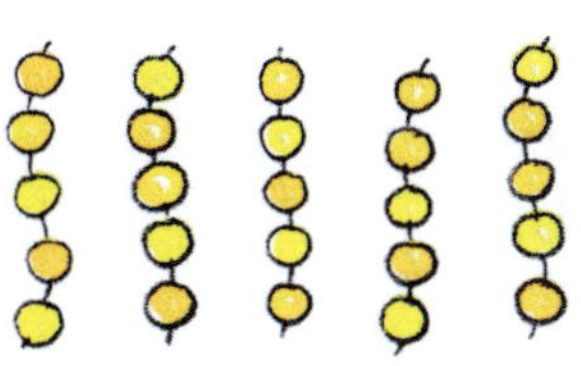

______

______

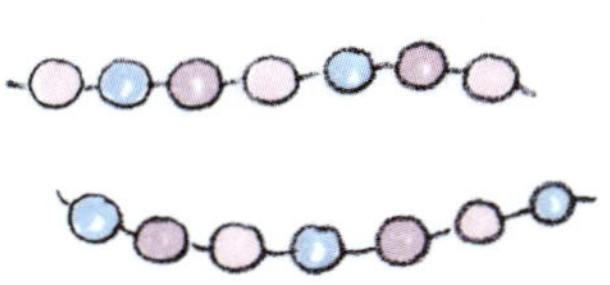

______

______

Entdecken und knobeln

1

22	18	14
1	4	7
11	13	15
19	16	13

10	13	___
10	___	4
10	6	2
___	19	21

2

+	2		
12	14	18	16
14	16	20	18

+			
11	13	14	16
15	17	18	20

+			
13	18	17	20
12	17	16	19

3

7 ⊕ 8 ⊖ 15 = 0

7 ◯ 6 ◯ 3 ◯ 4 = 0

9 ◯ 5 ◯ 9 ◯ 3 ◯ 10 = 0

20 ◯ 10 ◯ 3 ◯ 1 ◯ 8 = 0

4

1 Passende Fortsetzung der Zahlenreihe finden, verbinden. Die Aufgabe eignet sich im Anschluss an Seite 12. **2** Die Aufgabe eignet sich im Anschluss an Seite 16.
3 Die Aufgabe eignet sich im Anschluss an Seite 19.
4 Die Aufgabe eignet sich im Anschluss an Seite 33.

5

13 5 ~~7~~ 2 ~~12~~ ~~8~~

3 ~~4~~ 16 9 8 11

□ – □ = □

12	–	8	=	4
	–		=	
	–		=	
	–		=	

6

Verändere einen Stein in der unteren Reihe.
Im oberen Stein soll 11 stehen.
Findest du beide Möglichkeiten?

7

7 + □ > 9
2 + □ < 6

□ = ____

16 – 8 > ♡
13 – 7 < ♡

♡ = ____

○ + ○ > 12
○ + 8 < 16

○ = ____

5 Jede Zahlenkarte nur einmal nutzen. Die Aufgabe eignet sich im Anschluss an Seite 43.
6 Die Aufgabe eignet sich im Anschluss an Seite 48.
7 Die Aufgabe eignet sich im Anschluss an Seite 61.

Zahlen

Zehner **Einer**

Z	E
1	4

1 Zehner + 4 Einer
also 14.

Vorgänger **Zahl** **Nachfolger**

V	Z	N
11	12	13

Gerade Zahlen

4 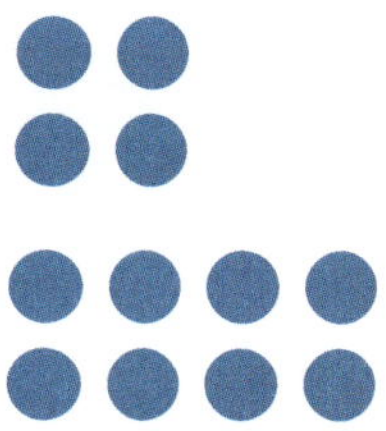

6

Ungerade Zahlen

5 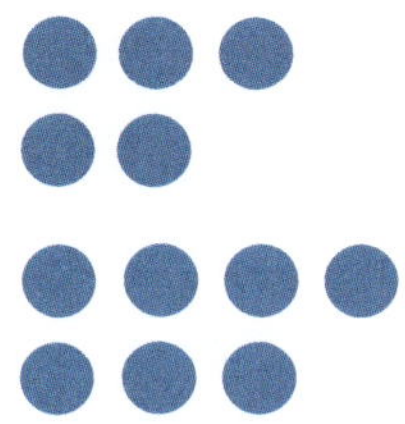

7

Addieren und subtrahieren

Verdoppeln

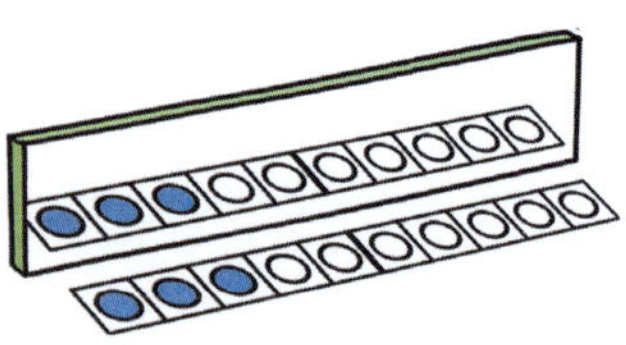

Das **Doppelte**
von 3 ist 6.

3 + 3 = 6

Halbieren

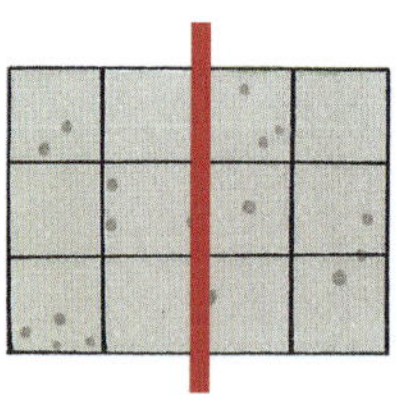

Die **Hälfte** von 12
ist 6.

12 = 6 + 6

Nachbaraufgaben +

Nachbaraufgaben −

Unterschied

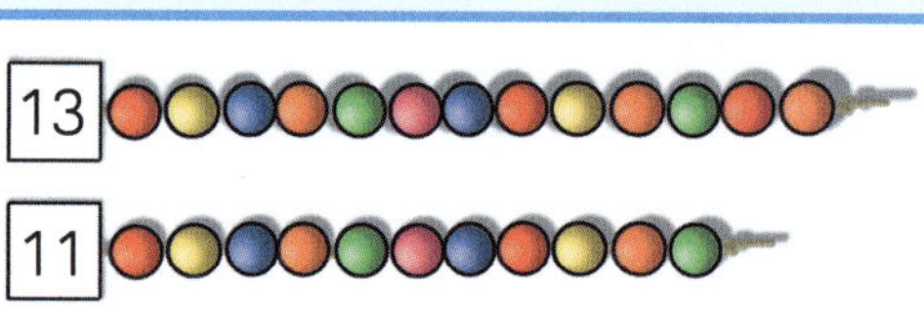

Unterschied 2

Addieren und subtrahieren mit Überschreiten

8 + 5

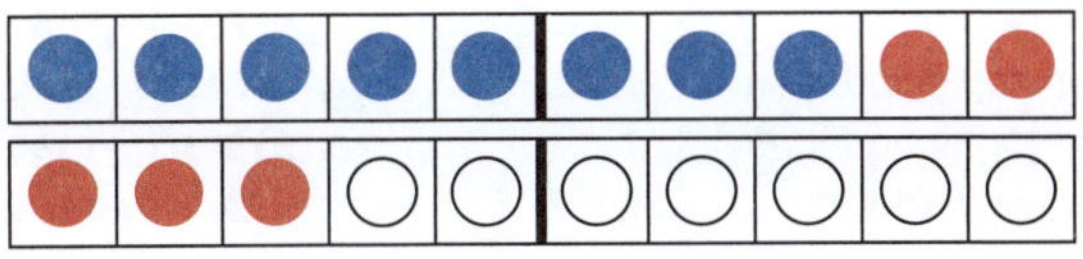

8 + 5 = 13

8 + 2 = 10

10 + 3 = 13

Erst 2 dazu bis 10, dann noch 3.

13 − 8

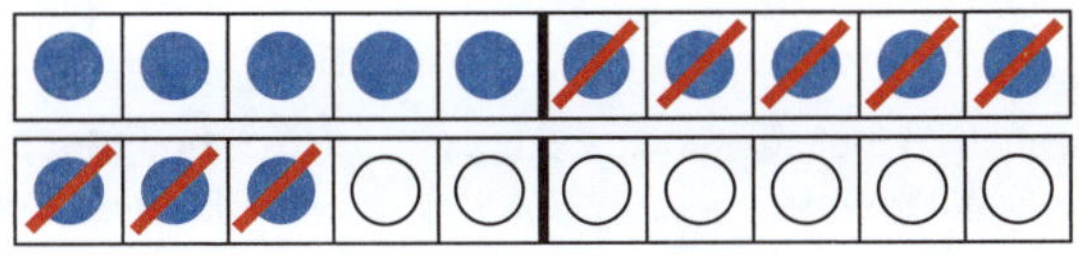

13 − 8 = 5

13 − 3 = 10

10 − 5 = 5

Erst 3 weg bis 10, dann noch 5.

7 + 8 = 15

7 + 7 = 14

14 + 1 = 15

Das Doppelte von 7 ist 14, dann noch 1 dazu.

Erst die Nachbaraufgabe 7 + 7, dann noch 1 dazu.

15 − 7 = 8

14 − 7 = 7

7 + 1 = 8

Die Hälfte von 14 ist 7, dann noch 1 dazu.

Erst die Nachbaraufgabe 14 − 7, dann noch 1 dazu.

6 + 9 = 15

6 + 10 = 16

16 − 1 = 15

Erst die Nachbaraufgabe 6 + 10, dann 1 weg.

14 − 9 = 5

14 − 10 = 4

4 + 1 = 5

Erst die Nachbaraufgabe 14 − 10, dann 1 dazu.

Flex und Flo für das 1. Schuljahr

MATERIALIEN FÜR SCHÜLERINNEN UND SCHÜLER

Rechnen bis 10 .... 978-3-14-**118051**-0
Rechnen bis 20 .... 978-3-14-**118052**-7
Geometrie 1 .... 978-3-14-**118053**-4
Sachrechnen und Größen 1 .... 978-3-14-**118054**-1

Lernpaket 1
4 Themenhefte + Beilagen 978-3-14-**118055**-8
Bibox für Schüler/-innen WEB-14-**118081**

ZUSATZMATERIALIEN
Trainingsheft 1 .... 978-3-14-**118068**-8
Trainingsheft Interaktiv 1 .... WEB-14-**118095**

Themenhefte inklusiv A
Zahlen bis 10 (A) 978-3-14-**118407**-5
Rechnen bis 10 (A) 978-3-14-**118408**-2
Geometrie (A) 978-3-14-**118409**-9
Sachrechnen und Größen (A) 978-3-14-**118410**-5

Lernpaket inklusiv A
4 Themenhefte + Beilagen 978-3-14-**118406**-8

MATERIALIEN FÜR LEHRERINNEN UND LEHRER

Handreichung 1 .... 978-3-14-**118057**-2
BiBox für Lehrer/-innen 1, *Einzellizenz* WEB-14-**118082**
Kollegiumslizenz WEB-14-**118084**

Kopiervorlagen 1 .... 978-3-14-**118059**-6
Förder-Kopiervorlagen 1 .... 978-3-14-**118061**-9
Forder-Kopiervorlagen 1 .... 978-3-14-**118063**-3
Lernwege-Karten 1 .... 978-3-14-**118066**-4
Diagnoseheft 1 .... 978-3-14-**118056**-5
Entdeckerkartei 1 .... 978-3-14-**118067**-1